盆景制作与鉴赏 第3版

PENJING ZHIZUO YU JIANSHANG

主　编　方大凤　张昌贵

副主编　苏小惠　徐　硕　段明革

主　审　戴要武

重庆大学出版社

内容提要

本书是高等职业教育园林类专业系列教材之一,内容包括盆景基础知识的认知、盆景制作器具及石材的识别、树木盆景的制作、树石盆景的制作、山水盆景的制作、微型盆景的制作、盆景的养护管理、盆景的艺术鉴赏8个项目,19个任务。每一项目包括学习目标、项目分析、任务、作品鉴赏、技能实训、思考讨论;每一任务又包括任务提出、任务分析、相关知识、任务实施、任务考核。这样便于教师在教学中以实际任务驱动学生主动参与,突出知识应用与技能训练,让学生在做中学,学中会,提高应用能力。本书配有电子教案、24个微课视频,可扫描书中二维码学习。

本书可作为高等职业教育园林类相关专业的教学用书,还可作为园林相关人员提高盆景制作能力的自我训练手册和盆景培训教材。

图书在版编目(CIP)数据

盆景制作与鉴赏 / 方大凤,张昌贵主编. -- 3 版
. -- 重庆 : 重庆大学出版社,2023.8
高等职业教育园林类专业系列教材
ISBN 978-7-5624-8360-1

Ⅰ. ①盆… Ⅱ. ①方… ②张… Ⅲ. ①盆景—观赏园
艺—高等职业教育—教材 Ⅳ. ①S688.1

中国国家版本馆 CIP 数据核字(2023)第 130217 号

盆景制作与鉴赏
第 3 版
主 编 方大凤 张昌贵
副主编 苏小惠 徐 硕 段明革
主 审 戴要武
策划编辑:何 明
责任编辑:何 明 版式设计:莫 西 何 明
责任校对:王 倩 责任印制:赵 晟
*
重庆大学出版社出版发行
出版人:陈晓阳
社址:重庆市沙坪坝区大学城西路 21 号
邮编:401331
电话:(023)88617190 88617185(中小学)
传真:(023)88617186 88617166
网址:http://www.cqup.com.cn
邮箱:fxk@cqup.com.cn(营销中心)
全国新华书店经销
重庆长虹印务有限公司印刷
*
开本:787mm×1092mm 1/16 印张:13.25 字数:331 千
2014 年 8 月第 1 版 2023 年 8 月第 3 版 2023 年 8 月第 5 次印刷
印数:12 001—15 000
ISBN 978-7-5624-8360-1 定价:59.00 元

编委会名单

主　任　江世宏

副主任　刘福智

编　委（按姓氏笔画为序）

卫　东	方大凤	王友国	王　强	宁妍妍
邓建平	代彦满	闫　妍	刘志然	刘　骏
刘　磊	朱明德	庄夏珍	宋　丹	吴业东
何会流	余　俊	陈力洲	陈大军	陈世昌
陈　宇	张少艾	张建林	张树宝	李　军
李　璟	李淑芹	陆柏松	肖雍琴	杨云霄
杨易昆	孟庆英	林墨飞	段明革	周初梅
周俊华	祝建华	赵静夫	赵九洲	段晓鹃
贾东坡	唐　建	唐祥宁	秦　琴	徐德秀
郭淑英	高玉艳	陶良如	黄红艳	黄　晖
彭章华	董　斌	鲁朝辉	曾端香	廖伟平
谭明权	潘冬梅			

编写人员名单

主　编　方大凤　杨凌职业技术学院

　　　　张昌贵　杨凌职业技术学院

副主编　苏小惠　甘肃林业职业技术学院

　　　　徐　硕　唐山职业技术学院

　　　　段明革　重庆城市管理职业学院

参　编　陈苏利　三门峡职业技术学院

主　审　戴要武　重庆市园林局花卉园管理处

前　言

　　盆景是我国造园艺术中的瑰宝,也是一种世界性艺术。盆景艺术可以净化心灵,陶怡情操,增进健康,所以盆景制作越来越受到人们的青睐,现已逐渐进入寻常百姓家。所以,全面提升园林从业人员及盆景爱好者盆景制作与鉴赏的技能与水平,对促进我国园林事业的发展及丰富人们精神生活具有重要意义。

　　如何培养合格的高等职业教育人才,这是一个不老的话题。依据教育部发布的"高等职业学校相关专业教学指导方案",本书以"理论知识和实践知识相统一""综合性和针对性相统一"为原则,突出以"理念的能力本位性,内容的技能创新性,体例的任务驱动性,方法的实践操作性"为特色,以项目任务整合内容,驱动学生掌握技能,努力做到"易教、易学、易懂、易上手"。

　　本书具体内容包括盆景基础知识的认知、盆景制作器具及石材的识别、树木盆景的制作、树石盆景的制作、山水盆景的制作、微型盆景的制作、盆景的养护管理、盆景的艺术鉴赏8个项目,19个任务。每一项目包括学习目标、项目分析、任务、作品鉴赏、技能训练、思考讨论;每一任务又包括任务提出、任务分析、相关知识、任务实施、任务考核。"学习目标"是该项目经过学习应该达到的知识目标和技能目标;"项目分析"是对该项目内容的概述及其在整个课程学习中的地位与作用;"任务"是具体公关活动中应该完成的知识与技能任务;"任务提出"是在面临实际的盆景制作的情境下引出需完成的任务;"任务分析"是对需要解决的问题任务进行分析,指导完成任务;"相关知识"是完成以上任务所需用到的知识;"任务实施"是完成任务的方法与步骤;"任务考核"是任务完成情况及技能评价的综合考核;"作品鉴赏"是针对盆景作品进行较为深入的鉴赏,逐步培养盆景的审美意识及品鉴能力;"技能训练"是根据实际的教学与本地情况设计的课外实训题;"思考讨论"是任务中出现的值得思考、容易混淆、可集思广义的问题。通过以上任务驱动教学模式的组织,教师当好"教练"角色,学生当好"运动员"角色,以期实现教师在教学中以实际任务驱动学生主动参与,让学生在做中学,学中会,提高应用能力。

　　本书由方大凤、张昌贵任主编,苏小惠、徐硕、段明革任副主编,陈苏利参编。具体分工如下:方大凤编写项目 1、项目 2、项目 4、项目 5;张昌贵编写项目 7 任务 2、项目 8;苏小惠、徐硕、段明革编写项目 3、项目 6;张昌贵、陈苏利、段明革编写项目 7 任务 1。方大凤、张昌贵对全书内容进行了统稿。

　　书中还有 24 个视频微课,可扫书中二维码学习。

　　本书编写过程中,参考了大量报刊文献和网络资源,吸收了国内盆景专家及学者的诸多研究成果,在此,一并向各位专家、学者表示衷心的感谢! 作为尝试之作,加之编者学识有限,对书中疏漏不妥之处,敬请广大读者提出宝贵的建议和意见,以便今后修订完善。

编　者

2023 年 5 月

目　录

项目 **1** 盆景基础知识的认知

[学习目标]

知识目标：

(1)了解盆景的起源与发展；

(2)熟悉盆景的风格与流派；

(3)熟悉盆景的分类；

(4)了解盆景的艺术表现。

能力目标：

(1)能认知我国盆景的起源与发展各阶段的特点；

(2)能认知盆景的流派、类型及艺术表现。

[项目分析]

盆景是源于自然,而又高于自然的艺术品。盆景起源于我国的汉晋或更早,成熟于唐,盛行于宋,鼎兴于明,完善于清;它是我国古代造园艺术的瑰宝。盆景是树、石、盆、架、名于一体的艺术品。盆景艺术可以增进健康,净化心灵,所以盆景艺术越来越受到人们的青睐,在世界上也享有盛誉。本项目是学习盆景知识的入门,为后面盆景的操作技艺奠定基础。本项目的重点是盆景的风格与流派、分类及艺术表现;难点是盆景的立意与艺术表现。

任务1　盆景起源与发展的认知

 任务提出

小李是园林专业大一的学生,他一直渴望能自己做一件盆景作品,但对于盆景他充满了疑惑:到底什么是盆景? 盆景是盆栽吗? 我国盆景发展状况如何?

根据以上情境,通过相关知识的学习,请完成以下任务:

（1）简述盆景艺术的特点。

（2）区别盆景与盆栽的不同。

（3）谈谈我国历代盆景的艺术特点。

（4）讨论我国现代盆景的发展状况。

 ## 任务分析

要回答以上任务,首先要了解盆景的起源与发展,认知盆景的特点;然后区别盆景与盆栽,在此基础上进一步了解我国历代盆景的艺术特点以及现今盆景的发展状况。这样逐步地认知盆景的基础知识。

 ## 相关知识

1. 盆景的界定

1）盆景的定义

微课

盆景起源于中国,是东方艺术精品,也是我国传统园林艺术。所谓盆景,是在我国盆栽、石玩基础上发展起来的以树、石为基本材料在盆内表现自然景观的艺术品。该定义包含了5层意思:

　①盆景起始于我国;

　②反映了盆栽、石玩与盆景的内在联系;

　③盆景的基本材料是树和石;

　④盆内的自然景观,既包括树木盆景,又包括山水盆景和树石盆景;

　⑤阐明了盆景是一种艺术品,它与盆栽、石玩有着本质的区别。

2）盆景与盆栽

（1）盆栽　盆栽仅仅是一种栽培方式,是将树木花草种植在盆中,用于绿化和观赏的简单栽培方式,虽具有一定的观赏价值,但没有经过艺术加工,没有注入作品作者的感情,不具有诗情画意。

（2）盆景　盆景是在盆栽的基础上发展起来的,特别是树桩盆景。盆景是大自然景物的缩影,是集园林、文学、绘画等艺术于一体的综合性造型艺术。盆景被人们称为无声的"诗"、立体的"画"、有生命的"雕塑"、"活"的艺术品。盆景的内涵远大于盆栽,它是浩瀚大千世界在咫尺盆盎中的浓缩。这种"浓缩"取决于作品意境的深浅。

3）盆景的意境

意境就是审美思想的核心,也是一切艺术追求的最高境界,"寓情于景,情景交融",使人观后觉得余味无穷。具体地说,意境就是人们在观赏某一盆景作品时,通过对这浓缩的大自然的壮丽山川、古树奇木的欣赏,不仅可以欣赏到盆中的景,同时通过景激发美的情感、美的理想,启发人们向上、向善、向往自然,共创美好和谐的社会,从而领受到境外之情,达到景有尽而意无穷的境地。即一件好的盆景艺术品,把大自然的野趣和神韵浓缩其中,纵使你身困闹市,亦可神驰千里,给你一种不出城廓而获山水之怡、身居陋室而有林泉之致的感受。

4) 盆景的本质

盆景艺术的本质特征是在盆中用活的树木及山石来抒情。要学好盆景制作,创作好的题材,就应该不辞辛苦,跋山涉水,多游览祖国的名山大川,多观察奇树古木,从中寻找灵感。对大自然的观摩,不仅为盆景创作积累素材,而且在潜移默化之中,胸襟开阔,气魄宏大,从而在作品中表现出来。正如已故盆景艺术大师周瘦鹃老先生说的"胸无丘壑,腹无诗篇,是很难创作出优秀的盆景作品的"。一盆优秀的盆景,代表着作者的审美情趣、思想抱负、道德情操、文化素养,也即景如其人。

5) 盆景的学科

盆景艺术是一门综合性的学科,是美学、文学、科学的综合体。所谓美学,盆景的制作要给人以美的享受,古雅秀美,神韵生动,耐人寻味;所谓文学,盆景造型构思,有诗情画意,有高低层次,有抑扬顿挫,有起承转合,反映出较高的文学水平;所谓科学,盆景的主要造型材料为植物,具有生命的特征及生长发育的规律,这就决定了制作它必须掌握相关的科学知识和进行长期的艺术加工以及养护管理,只有如此才能保证它的良好生长和优美造型。所以盆景不仅是一门艺术,也是一门植物栽培、石材加工的技术。在学习盆景前一定要先学好植物栽培学、生态学、地理学、土壤学、绘画等课程。

2. 盆景艺术的特点

关于盆景艺术的特点,概括起来有以下几点:

1) 地域的世界性

盆景是我国造园艺术中的瑰宝,目前已成为一种世界性艺术。德国、美国、意大利、泰国等许多国家都掀起了一股盆景热。据不完全统计,现在世界上至少有30个国家和地区掀起以盆景为内容的热潮,老年人和家庭主妇特别喜好。世界上盆景团体也逐渐多了起来,在美国有300多个,澳大利亚100多个,欧洲60多个。现今,我国盆景艺术对许多国家和地区都发生了直接的影响,并且随着国际交流的频繁而不断扩大。

2) 技艺的综合性

盆景艺术和许多艺术有联系,所以它具有综合性。那么,它和哪些艺术、技术有联系呢?归纳起来有:园林艺术、文学艺术、绘画艺术、雕塑艺术、陶瓷艺术、根雕艺术、园艺栽培技术、书法艺术。由此可见,盆景艺术的综合性是很强的。

3) 构图的复杂性

盆景不像照相、绘画那样,只在平面上构图,盆景是"立体的画",是四维空间艺术。第四维空间是指时间要素。桩景随时间变化而变化,只是不像电视、电影那么快罢了。此外,还要兼顾不同视野、视距的变化。不论苏派、扬派、川派、海派、浙派、徽派,还是岭南派、通派,都十分注重立体空间构图,兼顾仰视、俯视、平视、正视和侧视的观赏效果。尤其川派古桩盆景,在空间构图上更是颇具匠心。

4）表现的概括性

盆景艺术的表现具有高度的概括性。盆景艺术同园林艺术相比，虽然艺术原理相同，但它是比一般园林小得多的微型景观，不能像园林那样，以大地为纸来作画，只能在很有限的小小盆盎中做文章，要"藏参天复地之意于盈握间"，即所谓"一峰则太华千寻，一勺则江湖万里"，倘无高度的概括性是不能达到的。

5）创作的连续性

盆景，尤其桩景，是有生命的艺术品，桩景的生命过程也就是桩景的连续创作过程，因而决定了盆景创作的连续性。一幅图画、一座雕塑，创作一经完成，就不再变更了，然而在盆景这个有生命的艺术品中，树木的幼年、成年、老年各个阶段，其外部形态表现完全不同，艺术效果也很不一样，因而决定了其创作过程也就连年不断地进行。比如现在陈设在扬州瘦西湖公园里的300余岁的那盆古柏，相传是明末清初天宁古寺的遗物。即使是野外挖取的一盆普通的像样的盆景植物，往往也是三年五载才能完成造型。树桩一旦死了，它的艺术生命也就结束了。

6）美感的可变性

盆景又有点像音乐，给人的美感随时间而变，时移景异，一年四时不同，一日朝夕而变。此外，盆景还可以和舞台布景一样，创造特定的艺术环境，给人以特定的艺术感染。如夏季表现冬景，隆冬表现春色，就是几块石头摆法不一样，也会创造出不同的意境来。

7）风格的多样性

盆景创作，虽说都是运用"小中见大""缩龙成寸""师法造化"等手法，都讲求诗情画意，但由于地域不同、风土人情和生活习惯不同、采用材料不同，加上作者性格和文化素养各异，因而在创作上形成了很多个人风格、地方风格和艺术流派，所以在盆景的百花园里更能体现出百花齐放、百家争鸣的繁荣景象来。

8）浓厚的趣味性

由于盆景是边缘艺术、高雅艺术，因而它给予人们的欣赏趣味也是高雅的、含蓄的、多层次的。盆景是自然景色的升华，又是诗情画意的再现，是现实主义和浪漫主义的结合，它给予人们的美感既是自然的，又是艺术的；既是具体的，又是抽象的。因而，它比其他许多艺术形式有更高的艺术趣味和魅力。

3. 中国盆景的发展史

中国是拥有5 000多年悠久历史的文明古国。在漫漫历史长河中，勤劳、聪慧的劳动人民创造了辉煌的文化，至今仍散发着奇异的光芒。盆景艺术就是其中一个部分，是中国独特的一门艺术形式。

早在约7 000年前的新石器时期，中国就有了草本盆栽。汉代出现了木本盆栽和水旱盆景形式——缶景，到唐代盆景艺术已达到了相当高的水平。中国历代的盆景艺术匠师们和盆景艺术理论家们通过他们的辛勤耕耘，在盆景材料、立意、造型、技法、欣赏品评等方面积累了丰富的经验并上升为盆景艺术理论。

1）盆景发展史

（1）新石器时期草本盆栽——盆景的最初形式　新石器时期的草本盆栽是盆景的最初形式。1977年，浙江余姚河姆渡出土了距今约7 000年的新石器时期的两块陶器残片。一片是五叶纹陶片(图1.1),另一片是三叶纹陶片。这两块陶片上均刻有长方形花盆,盆中阴刻着一株万年青状的植物。这是中国乃至世界迄今为止发现的最早的盆栽记录。这种原始的草本盆栽艺术,是最原始、最初级、最简单的盆景。故而,盆景起源的年代应该定为约 7 000 年前的新石器时期。

图1.1 余姚考古的盆栽陶片

(2)夏商周国石玩玉雕和老庄思想——盆景的物质基础和思想基础 夏商周为我国盆景打下了深厚的物质基础和思想基础。石器时期,人们制造的石斧、石刀、石针,既是简单的生产工具,又是最初级的工艺品。殷商以后,进入了青铜时代,青铜工具替代了石器工具。此时,石器逐渐向艺术品方向转化,最后变成了装饰、赏玩的艺术品。人们逐渐从粗糙的石料转向以细腻、坚硬、透明、玲珑、美观的玉石为原料,出现了玉雕、赏石的社会风尚。1983 年在江苏武进出土的夏代文物中,发现一件高 8.2 cm、宽 8.4 cm,雕有花纹图案的精致玉琮,这类似现代微型盆景中常用的小盆盂。

夏、商、周及春秋战国时期,玉雕、赏石达到一定的高度,时时处处皆有玉。据记载,周朝的周公曾用几座将一块珍贵的玉雕竖起,陈设在神台上。《周礼》注称,周公植璧于座,这就是石供。春秋战国时期,老庄崇尚自然的思想是盆景发展的思想土壤。总之,夏商周三代的玉雕、石玩及其以后的春秋战国时期的老庄思想为中国山石盆景的选材、造型、审美、技法、理论等方面打下了深厚的物质基础和思想基础,对以后汉代缶景的形成影响深远。

图1.2 东汉墓壁画中的盆栽

(3)汉代木本盆栽与缶景——盆景真正的出现 汉代是我国盆景真正出现的时期。这个时期里既完成了草本盆栽向木本盆栽的转化,又实现了原始盆栽向艺术盆栽即真正盆景的转化。

• 汉代木本盆栽。西汉武帝时期,张骞出使西域时,为了把西域的石榴引种到中原来,就采用了盆栽石榴的办法(图1.2)。这是迄今为止中国最早的木本植物盆栽的文字记载。从此也就完成了草本盆栽向木本盆栽的过渡。汉代盆栽的目的主要是为了生产,为了引种驯化,仍然属于原始盆栽的形式,它离真正的盆景还有一定的距离。但木本盆栽的出现为汉代缶景的出现打下了栽培技术基础。

• 汉代缶景。据野史所载:"东汉费长房能集各地山川、鸟兽、人物、亭台楼阁、帆船舟车、树木河流于一缶,世人誉为缩地之方。"这就是所谓的缶景。从中可看出:缶景已不再是原始的盆栽形式,它已经成了盆栽基础上脱胎而出的艺术盆栽,即真正的盆景艺术。这是盆景发展史上的一次关键性突破,是迄今为止中国艺术盆栽的最早记载,也就是说艺术盆栽始于汉代。发掘出土的汉代山形陶砚缶景记载的物证如图1.3 所示。山形陶砚中有山川(十二峰)、重云叠嶂、湖光山色,与缶景景观内容描写如出一辙,已略具山石盆景之大观,

图1.3 汉代山形陶砚

也即汉代已经开始出现山石盆景了。

(4)魏晋南北朝时期的山水诗画——盆景艺术的飞跃　魏晋南北朝时期促进盆景向诗情画意方向发展。魏晋南北朝时期由于社会动荡、政治腐朽，士大夫追求隐逸的风气日盛，他们发扬了老庄思想，以山林为乐土，以隐居为清高，将理想的生活与山林的秀美结合起来。晋朝南渡之后，江南经济得到较大发展，贵族地主大量建筑园林别墅，过着游山玩水的清闲生活。当时盛行的玄学引导士大夫从自然山水中寻求人生的哲理与趣味。这种风气促进了中国山水诗和山水画的形成与发展，进而也促进了盆景艺术的发展，盆景艺术开始向诗情画意的方向飞跃。

(5)唐代的盆栽、盆池、小滩及赏石——盆景的成熟　唐代是我国盆景的成熟时期。唐代是中国封建社会的鼎盛时期，在文化艺术方面，如诗歌、绘画、雕塑、音乐等，都取得了辉煌的成就，这时期盆景艺术得以突飞猛进的发展，盆景制作得以成熟。

• 唐代盆景的类别与形式。盆景发展到唐代，凡树木盆景、山石盆景、石供等几大类别已基本具备，也有了关于树木盆景造型手法（扎剪）的记载，如元稹所写的《花栽》。唐代，树木盆景是盆栽的形式，主要有3种——直干式、曲干式和观花盆栽，也称为花栽、盆栽、五粒小松等。唐代，山石盆景被称为盆池、假山、小滩、厅池、小潭及其他。唐代的盆景文物主要有陕西乾陵章怀太子墓壁画（图1.4）、西安中堡村考古出土文物和阎立本的《职贡图》（图1.5）。

图1.4　唐代章怀太子墓壁画

图1.5　唐代《职贡图》局部

• 唐代盆景的艺术特色：

①唐代山石盆景已初步形成三峰式艺术风格，达到了"程式化"的成熟程度。"三峰式"山石盆景在唐诗中多处出现："三峰意出群""三峰具体小"等。这种风格一直影响到宋代，如苏轼有诗句"试观烟雨三峰外"。这类盆景的思想主题是以冷洁、超脱、秀逸等概念为高超的意境，即所谓的意境飞跃（宋代亦然），多以游山玩水、吟风咏月、饮酒赋诗、载歌载舞、花鸟虫鱼等为风雅的内容，布局上努力在一块小小的境地布置千山万壑、河溪池沼甚至大千世界为主体的生活境域，充满了浪漫主义色彩，反映了士大夫阶层的理想和要求。

②唐代的盆池、小池、小滩、小潭实为一种大型盆景，形式多样、内容各异、丰富多彩。唐代文人无法建造皇家林苑那样大规模的池沼，只好根据自己的经济实力在家中建起厅池、小池、小滩、小潭，强调池沼不在大小，有意境者为上；"但问有意无，勿论池大小""有意不在大，湛湛方

丈馀""勿言不深广,但幽然人适"。在唐代,盆景既是艺术品,又是商品,既有观赏价值,又有经济价值。

③唐代盆景所用植物大致有松、竹、慈竹、莲、萍、苔、山茶、五针松、兰、荪、桃、菊、柳等。

④在色彩构图上,唐代盆景也有一定的考虑。章怀太子墓壁画中所画的缶为黄色,它与红花、绿叶、灰石相互辉映,体现出作者从整体上考虑盆、景之间色彩搭配的协调。

(6)宋代盆玩、盆山——盆景的盛行　宋代是中国盆景的盛行时期。据宋诗所载,宋代盆景称为盆玩、盆山、"壶中九华",另有"假山""盆池""和人假山""吕氏假山""假山小池"等名称。徐晓白、吴诗华、赵庆泉的《中国盆景》记述,今扬州瘦西湖公园尚陈列有宋代花石纲的遗物。它是由钟乳石制作而成的一盆山水盆景,看上去山峦起伏、豁壑渊深,为世上罕见,誉为国宝,是宋代山水盆景之实证。北京故宫博物院内收藏的宋人绘画《十八学士图》四轴中(图1.6),有两轴绘有苍劲古松、老干虬枝、悬根出土的盆桩。宋代盆景诗词经搜集整理共辑二十几首,主要有苏轼、黄庭坚、陆游、吕胜乙、方岳等的作品,如王十朋(王梅溪)的《岩松记》。宋代出现论述盆石的专著,如《宣和石谱》《渔阳公石谱》《云林石谱》等,辑录了许多嗜石故事,阐述了石头的产地、形状颜色、质地、采集方法以及在盆景中的应用价值等。

宋代盆景的艺术特色:

①宋代盆景是唐代盆景的继续,主要是将宋代绘画理论更多地应用于盆景之中,如远小近大、远处的模糊、近处的清晰,使盆景艺术有所提高。不论宫廷,还是民间,以奇树怪石为玩品已蔚然成风。

②宋代有了"盆景"一词。

③树木盆景与山石盆景的区别更加明确,并对附石式盆景有了文字记载。

④赏石标准更为明确,对石品研究取得了新的突破。山石盆景的制作技艺较唐代也有了显著提高。

图1.6　北宋《十八学士图》局部

⑤对盆景植物进行分类,出现了"十八学士"的记载。

⑥宋诗中出现了"根艺"的记载,它与盆景发展关系密切。

⑦宋代有了对盆景的题名之举。

⑧日本的"宋风化",盆景再度传入日本。

(7)元代些子景——盆景的小型化　元代是中国盆景的小型化时期。唐宋以来,除"假山""盆栽"为中型盆景以外,其余"盆池""小池""小滩""厅池"等仍为大型盆景。这样大的盆景限制了自身的发展。唐代没有实现小型化,直至元代才大力提倡小型化,并实现了体量小型化的飞跃。这对盆景的大力普及和推广起到了促进作用。元代高僧韫上人,云游四方,饱览祖国名川大山,胸有丘壑,师法自然,善于运用各种技法,打破盆景的格局,提倡小型化。这些小型化盆景称为"些子景"。元代些子景与现在的中型盆景差不多,但与微型盆景尚有差别。由于元代统治时间短,统治者崇尚武功而轻视文化艺术,致使盆景艺术没有得到更好的发展,但元代盆景在体量上的飞跃也是中国盆景史上的一次重大突破。

（8）明清时期盆景——盆景的鼎兴与完善　明清时期是中国盆景的鼎兴与完善时期。在这一时期，出现了大量的理论家，盆景技艺亦趋成熟，盆景理论和制作的专著纷纷问世。在苏杭一带，盆景得到了大普及。在盆景理论上，对盆景树种、石种及制作技艺都有了较系统的论述。如明代陆廷灿的《南村随笔》中对桩景枝、干、根的造型技艺描述得已相当详细；再如屈大均的《广东新语》中对树种的描写；清代陈扶摇的《花镜》、李斗的《扬州画舫录》等几十本盆景理论和制作专著纷纷问世。明清时期是中国盆景的鼎兴与完善时期，这时期，盆景的类别、形式更加丰富多样，如山石盆景除水景型、旱景型、水旱景型外，还有带瀑布的盆景。

（9）近代盆景概况——盆景的衰败　近代是中国盆景的衰败时期。清末，由于清政府的腐败无能，国势衰败，资本主义国家用坚船利炮打开了中国的大门，中国沦为半封建半殖民地社会；后又长期陷于军阀混战，经济萧条，民不聊生，导致盆景事业日趋衰败，一蹶不振。日本帝国主义侵略中国，更是给中国人民带来无数灾难，盆景艺人连家园都没有，何以谈得上盆景创作？"西眺苏台不见家，更从何处课桑麻""计数只开花十朵，瘦寒应似我"便是最好的写照。

2）现代盆景简史

自1949年新中国成立到现在，我国盆景发展大致经历了3个阶段，即恢复发展阶段、停滞阶段和大发展阶段。

（1）恢复发展阶段（1949—1966年）　新中国成立后，政府对盆景这一祖国宝贵的文化遗产采取了保护、发展和提高的政策，在盆景界积极贯彻"双百"方针，盆景在继承传统的基础上不断得到创新，恢复发展很快。

1956年，广州盆景研究会成立，有会员300余人。

1957年，周瘦鹃父子编著的《盆栽趣味》和冯灌父等编著的《成都盆景》问世。此后，一些盆景专著纷纷出版。

1959年，成都南郊公园举办盆景展览，陈毅元帅前往参观并题词"高等艺术，美化自然"，轰动了中国盆景界。

1961年，中国农业科学院成立香花、盆景组，并在苏州拙政园举行了一次规模较大的盆景展览，展出江苏和上海两地盆景，影响很大。

1962年，上海盆景协会成立，会员110人。

1964年，南京玄武湖举办江苏省第一次花卉盆景展览。

（2）停滞阶段（1966—1976年）　1966年，"文化大革命"开始，盆景和其他传统艺术一样，被打成四旧，诬蔑为封、资、修的黑货，遭到摧残。十年"文化大革命"期间，人民文化生活十分贫乏，盆景艺术创作也处于停滞状态。

（3）大发展阶段（1977年至今）　1977年以来，盆景艺术迎来了自己的春天，发展十分迅速。中华人民共和国成立30周年之际，在北京北海公园举办了全国盆景艺术展览，有13个省、市、自治区的54个单位参加展出，展出面积6 600 m²，展出作品1 100盆，参观人数10万余人。中央新闻纪录电影制片厂摄制了彩色纪录片《盆中画影》。

1981年，在北京成立了中国花卉盆景协会。

1982年，江苏、浙江、安徽、湖北、上海等地先后举办了盆景艺术展览。

1983年，中国花卉盆景协会在江苏扬州举办了全国盆景老艺人座谈会，同时附设了盆景艺术研究班。

1985年，在殷子敏、胡运骅的倡议下，中国花卉盆景协会于上海举办中国盆景艺术评比展

览,许德珩副委员长为展览题字。

在彭春生教授的倡议下,得到中国花卉盆景协会和湖北花木盆景协会的全力支持,1986 年于武汉召开中国盆景学术讨论会,同时举办了中国盆景地方风格展览。

1987 年,在北京举办了第一届中国花卉博览会,盆景展品琳琅满目,美不胜收。

1988 年,在胡乐国倡议下,在北京北海公园成立了中国盆景艺术家协会。

1989 年,中国花卉盆景协会于武汉组织第二次中国盆景艺术评比展览。

1990 年,在日本大阪举办的国际花卉博览会上,江苏省如皋绿园制作的名为《饱览人间春色》的雀梅盆景,以"稀少、奇特、古老、怪异"的艺术特色,荣获国际金奖和博览会最高荣誉奖——国际优秀金奖。

1991 年,中国盆景艺术家协会在北京举办了首届中国国际盆景会议,进行艺术交流。

1992 年,在南京举办海峡两岸(包括港澳地区)盆景名花研讨会,来自海峡两岸的代表聚集一起研讨盆景名花的发展、把市场扩展到世界各地等问题。

1999 年,在昆明举办世界园艺博览会,扬派黄杨盆景《碧云》荣获金奖。

"中国盆景艺术评比展览"是由中国风景园林学会花卉盆景赏石分会创立的展会品牌,自 1985 年以来,截至 2022 年,先后在上海、武汉、天津、扬州、苏州、泉州、南京、安康、广州、沭阳、如皋等地成功举办了十二届,推出了大量优秀作品与人才,是目前中国最具影响力的国家级盆景展览,被誉为"中国盆景艺术的最高殿堂"。

2022 年,许多省市举办了盆景展,如苏派盆景艺术展、成都市第二十四届盆景展、福建省第二届永春盆景展、上海市盆景赏石展等。

中国盆景近几年来参加不少国际展览,曾先后在德国、英国、法国、意大利、荷兰、美国等国家展出,并有大批盆景出口国外,中国的盆景技师还应邀在国外讲学和传授技艺,为祖国赢得了荣誉。

任务实施

本次任务单个学生即可完成,所以可以不分组,学生间可以讨论。具体完成任务可以按以下 3 步进行:

(1)领受任务　教师分配任务,先让学生明白需要完成任务的内容,让其知道盆景的定义、特点、与盆栽的区别、历代盆景的特点以及我国现代盆景的发展状况。指导学生通过相关知识的学习可以完成以上任务。

(2)知识学习　学生明白任务后,学习知识点,了解盆景的定义、特点、与盆栽的区别、历代盆景的特点以及我国现代盆景的发展状况。

(3)完成任务　学生通过知识点学习,回答提问。教师进行点评并记录各位同学的表现及完成任务情况,给出综合评价等级或分数。

任务考核

每位同学独立完成任务,形成纸质作业或电子作业,有条件的可以做成PPT,每位同学准备汇报;指导教师根据学生任务完成的有效性、任务完成的态度、责任感及汇报的情况等进行综合评分(表1.1)。

表1.1　"盆景起源与发展的认知"任务考核表

学习目标	评价标准	评价得分
理论知识 (20分)	盆景的起源与发展;盆景的风格与流派;盆景的分类与类型;盆景的立意与艺术表现	
专业技能 (30分)	能区别盆栽与盆景;能理解盆景的立意与艺术表现	
任务完成 (30分)	纸质作业、PPT,任务问答的有效性	
学习态度 (20分)	完成任务的态度、责任感	
综合得分及评价:		

任务2　盆景风格与流派的认知

任务提出

以下是我国树木盆景主要流派的特点示意图(图1.7):

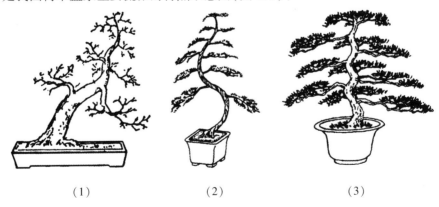

(1)　　　　　　　(2)　　　　　　　(3)

图1.7　树木盆景主要流派特点示意图

请根据图1.7,通过知识的学习,完成以下任务:

(1)请对以上示意图中(1)—(12)分别所属流派进行归类。

(2)谈谈风格与流派的区别与联系。

(3)谈谈树木盆景的八大流派及其特点。

任务分析

盆景的流派问题,也是中国盆景界长期探讨的问题之一。盆景类型丰富,有树木盆景、山水盆景、树石盆景等类型,在划分盆景的流派时也是各自划分。各类型盆景当中,树木盆景的流派形成最早,内容也最丰富。所以,先认知树木盆景的流派,这样为后面的盆景流派的认知与盆景的制作奠定基础。

相关知识

目前,中国盆景界公认的树木盆景流派有苏派、扬派、川派、岭南派、海派、浙派、徽派、通派八大流派,简称苏扬川岭海浙徽通。而山水盆景,由于山水在地理上的分布不像植物那样受限制,且又是无声无息,因此山水盆景艺术特色的地域性始终不如树木盆景那般明显。至于树石盆景,由于其在分类上的地位长期未得到承认,不是归入树木,就是划给山水,这在一定程度上也遏制了树石盆景本身风格、流派的形成。

1) 风格与流派

说起流派,自然离不了风格。因为流派就是在风格的基础上发展而来的。它体现在盆景作品的内容与形式的各个要素之中,如树种、石种、造型、意境、技法、盆钵、几架、栽培技术等。某艺术家或某一地域的盆景作品在诸要素中的一个或几个有特色和个性就叫风格,否则就是没形成风格。风格不明显,就是一般化。盆景风格是在一定的历史时期和特定的环境条件(社会环境、自然环境)下形成的,且随着一定的时空条件而变化。

盆景风格又分为盆景个人风格和盆景地方风格。盆景个人风格是指某个盆景艺术家在其作品的内容和形式的各种要素中所表现出来的艺术特色和创作个性。而盆景地方风格则是某一地域的盆景艺术家们在盆景作品的内容和形式上的各种要素中所表现出来的艺术特色和创作个性。很显然,地方风格是在个人风格的基础上发展而成的,而盆景的个人风格则相当程度上取决于盆景创作者本人的性格特点。

各个盆景艺术家或盆景艺术爱好者,由于时代、民族、职业、年龄、环境、经历、文化、习俗、审美、兴趣等的差异,造就了他们各自鲜明的个性。再加上中国有着悠久的历史、辽阔的地域,南北东西的自然地理条件差异极大,盆景资源丰富多彩,因此体现在盆景作品上也就是风光各异、特色鲜明,即为盆景的个人风格。而盆景个人风格中的佼佼者,很可能就是未来地方风格的雏形。地方风格比个人风格显然更具有地域性,主要表现在树种、石种选择,造型特点,表现题材,立意境界,造型技法,栽管技术,盆、架、配件的协调等方面。如北京的小菊盆景、徐州的果树盆景、淮安的香艾盆景等在植物材料选择、造型技艺、栽培管理技术上都有自己的特色,创作个性独树一帜,人们也就称之为北京风格、徐州风格、淮安风格等。

盆景的个人风格是形成地方风格的基础,地方风格又是形成艺术流派的基础。在特定的历史环境条件下,盆景的个人风格、地方风格在内容和形式上日趋成熟、升华,且有量的扩大,盆景诸要素在一定区域内程式化,于是便形成了盆景的艺术流派。流派的形成是某区域盆景艺术成熟的重要标志,更是民族风格的集中表现。个人风格、地方风格和流派都是在一定历史时期、在民族风格的前提和制约下形成,民族风格也只能通过个人风格、地方风格、流派表现出来。

中国盆景自形成以来,直到20世纪30年代,尽管各地技法不一,但尚无明确的"流派"一说。20世纪40年代末、50年代初,广州盆景界开始自称岭南派,苏、浙一带盆景界则称其为南派。反之,岭南派盆景界则称苏、浙盆景为北派。盆景流派至此而始。20世纪70年代以来,树木盆景相继出现"四大流派""五大流派",而今大家公认有八大流派。

2)树木盆景八大流派

(1)苏派 苏派盆景形成于苏州、无锡、常州、常熟一带,其代表人物有周瘦鹃、朱子安。苏派传统使用的树种有雀梅、榆、三角枫、梅、石榴等,主要来自山采。其传统造型一枝一片都有一定格式,如六台三托一顶(图1.8)。造型手法采取粗扎细剪,或针对不同植物材料确定剪扎比重。苏派盆景近年来突破传统盆景过于程式化、人工斧凿痕迹毕露的缺陷,在继承传统技艺精华——模拟结顶古树高雅古朴的风貌的基础上突破旧模式的束缚,力争返璞归真,师法自然,追求一种清秀古雅、生机盎然的艺术风格。

(2)扬派 扬派盆景形成于扬州、泰州、泰兴、盐城一带,以万觐堂、王寿山等为代表人物。传统使用的树种为松、柏、榔榆、黄杨四大类,多由人工繁育培养而成。其主干造型多为游龙式、悬崖式等,侧枝依据枝无寸直的画理作适度弯曲,再把枝叶扎成水平圆形(顶片)或掌状(中、下片)的云片。造型手法是精扎细剪,扎成的云片圆正平薄,片中小枝"一寸三弯"。扬派盆景着意模仿自然界高山风涛云海中松柏的形象,以气势严整壮观、清秀古拙、层次分明为特色(图1.9)。

图1.8 苏派六台三托一顶式　　　图1.9 扬派巧云式　　　图1.10 川派九拐式

(3)川派 川派盆景以成都、重庆、都江堰、温江等地为代表,在明末清初已形成独自的风格,代表人物有李宗玉、冯灌父、陈思甫、潘传瑞等。川派盆景树种取材范围较广,除罗汉松外,较少使用松柏类常青树,而以杂木为主。目前该派盆景中常用树种有金弹子、六月雪、贴梗海棠、胡颓子、桂花、黄葛树、虎刺、榆树等,典型造型有方拐式、三弯式、九拐式。其中,成都盆景多采用自然式造型,讲求野趣天成,不露人工雕琢痕迹;而重庆盆景多采取规则式造型,讲求身法,棕丝蟠扎,给人以造型艺术美。总之,川派盆景的艺术风格是虬曲多姿、典雅清秀(图1.10)。

(4)岭南派 岭南派盆景流传于广东、广西、福建一带,其历史渊源可追溯到明清时期。新中国成立以来,在借鉴了岭南画派绘画艺术精华的基础上,岭南派盆景愈发地独树一帜。其代表人物有孔泰初、陆学明、莫眠府、素仁等。岭南盆景在树种选择上也较少使用松柏类,而以榕树、榆树、朴树、雀梅、木棉、九里香、福建茶等南方植物为主。大树型、高耸型及画意型为其造型特点;而蓄枝截干、大飘枝的造型手法则为其所独创,艺术风格苍劲自然、飘逸豪放(图1.11)。

(a)　　　　　　　　　　　　　　　　(b)

图1.11　岭南派盆景

(a)大树型;(b)高耸型

(5)海派　海派盆景主要分布于上海,以殷子敏、胡运骅等为代表。上海盆景汲取苏、扬、通、浙各家盆景艺术所长,同时受海派文化推陈出新、标新立异的深刻影响,形成自己不受任何程式限制的独特风格。海派盆景的树种取材庞杂,达100多种,但基本上以松柏类如锦松、真柏和花果树为主。海派盆景的造型讲求师法自然,无固定模式,并朝微型化方向发展,技法也一改传统的棕丝吊扎,而用铜、铁等金属丝对主干、侧主枝进行蟠扎、缠绕(图1.12)。海派盆景以明快流畅、精巧玲珑的艺术风格而著称。

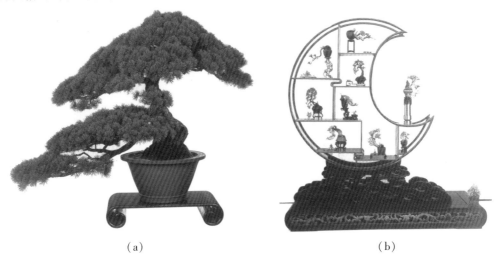

(a)　　　　　　　　　　　　　　　　(b)

图1.12　海派盆景

(a)自然式;(b)组合式

(6)浙派　浙派盆景形成于杭州、温州等地,以潘仲连、胡乐国等为代表人物。传统使用树种以松柏类为主,尤其是五针松,多为人工繁育。浙派盆景的造型特点以高干型、合栽式最具代表性,造型手法是针叶树以扎为主,阔叶树以剪为主。浙派盆景很讲求倾斜布势、静中求动,枝干线条以横线和直线的有机组合表现强劲的力度,以适度的曲线起伏表现对抗自然逆境的动势,枝片布局疏朗明快、刚劲自然,充满时代气息的艺术风格甚为突出(图1.13)。

(7)徽派　徽派盆景主要分布于洪岭、歙县、绩溪、休宁、黟县一带,以宋钟铃等为代表人物。徽派传统使用的树种有梅、黄山松、罗汉松、桧柏等,繁殖方法多以压条繁殖为主(梅、柏、罗汉松)。徽派盆景的造型也是以规则性为主,如游龙式(与徽州崇尚龙的风气遗留至今有密切关系)、三台式(寓意着蓬莱、瀛台、方丈三座仙境)、迎客式(友爱、热情好客)以及疙瘩式、扭旋式、圆台式、悬崖式、劈干式、枯干式、提根式(图1.14)。其造型手法采取粗扎粗剪、剪扎并重(用棕丝、棕绳、棕披、苎麻、竹片、金属丝),追求一种遒劲、浑厚、凝重、肃穆、奇特、古朴的艺术风格;体量以大型、中型为主,少见小型、微型。

图1.13　浙派高干合栽式

(a)　　　　　(b)　　　　　(c)　　　　　(d)

图1.14　徽派盆景

(a)游龙式;(b)疙瘩式;(c)三台式;(d)迎客式

(8)通派　通派盆景流传于南通、如皋一带,代表人物有朱宝祥等。传统使用的树种有罗汉松、六月雪、黄杨、榔榆等,尤其是小叶罗汉松最为常用。通派盆景造型以两弯半的定型格式著称,整体造型浑厚雄健,神似坐狮,故两弯半造型又称狮式或鞠躬式,艺术风格端庄雄伟(图1.15)。其造型手法以棕丝蟠扎为主。通派盆景除两弯半造型外,雨、雪、风、晴等小品也颇具特色。

以上是目前中国盆景界公认的树木盆景八大流派的分布地域、代表人物、常用树种、造型特点、技法、艺术风格等。此外,还有某些小的流派存在,如中州派(以柽柳为主要材料)、鲁新派(以侧柏为主要材料,制作神枝舍利干)、闽派(以榕树为主要材料,制作榕根景观)、滇派(编织手法)等。很显然,流派是中国盆景艺术中一种客观存在的艺术

图1.15　通派两弯半造型

现象,是盆景艺术发展到一定阶段的必然产物。而且,由于相对稳定的"门户家教",以及地方文化、植物资源、气候条件等地理因素的差异,使得盆景流派(尤其是树木盆景流派)带有明显的区域性。流派一旦形成,标志着某一区域盆景制作技艺达到成熟。但同时,流派本身的程式

化也将成为当地盆景向前发展的思想桎梏。相对于盆景创新的思想来说，流派也就成为了保守派。

然而，随着时代的发展和人们审美情趣的改变，盆景流派的艺术风格同其他任何艺术风格一样，也经历着一个发生、发展、衰亡的过程。盆景的个人风格是流派产生发展中最活跃的因素，未来的盆景界还会不断涌现出更具特色的个人风格或流派。

任务实施

本次任务单个学生即可完成，所以可以不分组，但学生间可以讨论。具体完成任务可以按以下3步进行：

（1）领受任务   教师分配任务，先让学生明白需要完成任务的内容，让其知道盆景的风格与流派的区别、树木盆景的八大流派。指导学生通过相关知识的学习完成以上任务。

（2）知识学习   学生明白任务后，学习知识点，了解盆景的风格与流派的区别、树木盆景的八大流派。

（3）完成任务   学生通过知识点学习，回答提问。教师进行点评并记录各位同学的表现及完成任务情况，给出综合评价等级或分数。

任务考核

每位同学独立完成任务，形成纸质作业或电子作业，有条件的可以做成PPT，每位同学准备汇报；指导教师根据学生任务完成的有效性、任务完成的态度、责任感及汇报的情况等进行综合评分（表1.2）。

表1.2   "盆景风格与流派的认知"任务考核表

学习目标	评价标准	评价得分
理论知识 （20分）	风格与流派；苏派、扬派、川派、岭南派、海派、浙派、徽派、通派八大流派树木盆景	
专业技能 （30分）	能区别与联系风格与流派；能区别树木盆景八大流派的特点	
任务完成 （30分）	纸质作业、PPT，任务问答的有效性	
学习态度 （20分）	完成任务的态度、责任感	
综合得分及评价：		

任务3　盆景分类与类型的认知

任务提出

通过相关知识的学习,完成以下任务:

(1)谈谈盆景分类的意义。

(2)谈谈韦金笙、明军、彭春生的盆景系统分类法的区别与联系。

任务分析

中国盆景的分类问题,是盆景初学者必须了解的理论问题之一。但必须掌握常用的几种分类方法,特别是系统分类方法,为后面的盆景的构图与制作奠定基础。

相关知识

中国盆景的分类还没形成一套权威的分类方法。在此仅介绍部分常用分类法。常见的分类法有一级分类、二级分类、三级分类法或按规格及其他特征分类法、系统分类法等。

1.早期的各种分类法

1)一级分类法

新中国成立初期的盆景专著中,如周瘦鹃的《盆栽趣味》和崔友文的《中国盆景及其栽培》,只有树桩盆景的分类而没有山水盆景的分类,而且桩景分类也只是根据造型样式而分为若干式,属于一级分类法。国外一些盆景专著多根据树木的干形、干数而分,基本属于一级分类。

2)二级分类法

20 世纪 70 年代后期,徐晓白、吴诗华、赵庆泉合著的《盆景》一书,采用了二级分类法,根据取材与制作方法把盆景分为树桩盆景、山水盆景两大类,再根据盆景样式分为若干式,简称"类—式"法。另外,有的盆景著作采用"型—式"分类法。比如浙江储椒生、姚毓醪合写的一篇关于盆景分类的文章《试论盆景分类》(《杭州盆景资料选编》)就是如此,把盆景分为三大型、若干式。还有的把桩景分为规律类、自然类两大类,类下分若干式,如陈思甫的《盆景桩头蟠扎技艺》一书就是这样。姚毓醪、潘仲连、刘延捷的《盆景制作与欣赏》将盆景分为四大类型,即树桩盆景、山石盆景、树石盆景、花草盆景,下分若干式,也基本上属于"类—式"两级分类法。

3) 三级分类法

潘传瑞的《成都盆景》一书中,采用了"类—型—式"三级分类法,这种分类法比较系统。按照潘氏分类系统,把盆景分为两类、五型、若干式。

4) 按规格分类法

近来有些专著,根据盆景规格大小而将盆景分为特大型、大型、中型、小型和微型。

2. 现阶段系统分类法

中国盆景发展的现阶段有以下几种系统分类法:

微课

1) 韦金笙系统分类法

著名盆景艺术家韦金笙于 2004 年在《中国盆景艺术》一书中,根据中国盆景发展史和第一至第四届"中国盆景评比展览"展出的类型,参考综合要素,从便于展览和评比的角度考虑,按观赏载体和表现意境的不同形式,将盆景分为树木盆景(树桩盆景)、竹草盆景、山水盆景(山石盆景)、树石盆景(水旱盆景)、微型盆景(微型组合盆景)和异型盆景六大类。

(1)树木盆景　树木盆景是以木本植物为主体,经艺术处理(修剪、蟠扎)和精心培养,在盆中典型地再现大自然孤木或丛林神貌的艺术品。它根据观赏部位不同,分为观叶类、观花类、观果类三类;根据造型手法不同,通常分为规则型、象形型、自然型三型。

(2)竹草盆景　竹草盆景以竹类、菊花、雕刻水仙和兰花为主要材料,适当配置一些山石、配件来表现竹草的景致。

(3)山水盆景　山水盆景以石为主体,通过截取、雕琢、拼配、胶合等手法,配置植物(参加评比展览时,如未配置植物只展不评)或摆件,在浅盆中注水,典型地再现自然山水景观神貌的艺术品。山水盆景根据所用石材,分为软石类和硬石类两大类;根据构图不同,通常分为平远山水、深远山水、高远山水三型。

(4)树石盆景　树石盆景以树桩为主,适当衬以山石的盆景。

(5)微型盆景　一般树高或盆长在 10 cm 以下的盆景,都属于微型盆景。更小的盆景甚至可以在一只手掌上放数盆,称为"掌上盆景"。

(6)异型盆景　异型盆景主要是突出形状各异的容器。如特制的花瓶、茶壶、笔筒等陶瓷工艺器皿,其中栽植树木、花草等,所做成的盆景饶有兴趣,造型不拘一格。异型盆景,可悬挂于墙壁,也可立于几案。

2) 明军系统分类法

盆景专家明军教授于 2001 年在《南京林业大学学报》发表文章,提出以主景材料作为第一级分类的标准。该分类法将盆景分为六大类,即树木盆景、树石盆景、山水盆景、无树石盆景、异型盆景和其他盆景等;以干数、景型作为第二级分类等级型的标准,分七个型;再以干形、干姿、枝姿、峰数等因素为第三级标准划分不同的式;最后将所有盆景按盆或山石、树木的大小、高矮

划分成5个"规格型"：巨型（>150 cm）、大型（150～81 cm）、中型（80～41 cm）、小型（40～10 cm）、微型（<10 cm）。各种规格仍然按现有盆景协会通行规格。这5个"规格型"可以与前三级分类"类—型—式"组合，以说明某类、型、亚型、式及盆景的规格大小。

（1）树木盆景类　改惯称的"树桩盆景"为"树木盆景"。因为桩景用材范围早已不局限于枯朽的树桩，扦插育苗已普遍应用于盆景制作。称"树桩盆景"，不仅限制创作者的灵感，约束创作者的思维，也不利于野生资源的保护、合理开发和有效利用。

（2）树石盆景类　从逻辑上来讲应有树木盆景和山石盆景的中间过渡类型，即树木、山石所组成的景均为主景或共同组成主景。本分类以树石关系区分为根穿石式、根抱石式。

（3）山水盆景类　山水盆景类以山石为主景材料，展现自然山水景观。依据水面与陆地关系性质而划分为旱景型（无水面）、水旱型（水面与矶岸）和山水型（水面与山峦）。

（4）无树石盆景类　这类盆景树石皆不重要，以草本植物或宽阔水面为主。盆景既然是以盆中的景象表现自然景观，近年来出现的表现大草原、湖海水景盆景也成一类。

（5）异型盆景类　一些以新材料制作的盆景可以归入异型盆景类。近年来塑料、木炭、砂石、水泥等材料被引入盆景，是盆景的变异或仿真类型。

（6）其他类型　考虑到盆景艺术的不断发展，新的材料、造型将不断涌现，所以在本系统中保留一个"其他类型"，容纳新的发展类型。

3）彭春生系统分类法

在系统整理各家分类的基础上，博采众家之长，并从中国盆景发展现阶段的实际情况出发，1992年彭春生教授提出了一个新的分类系统。该分类系统提出"类—亚类—型—亚型—式—号"六级分类，将中国盆景分为三类、若干亚类、五型、七个亚型、若干式、五个号（表1.3）。彭春生分类系统的分类标准是：

（1）类　依据取材不同把盆景分为三大类，即树木类（桩景类）、山石类、树石类。

（2）亚类　树木类（桩景类）按观赏特性分为松柏亚类、杂木亚类、观花亚类、观叶亚类。山石类按石质分为硬石亚类、软石亚类。树石类也可以分为硬石亚类、软石亚类。

（3）型　在分类的基础上，依据造型是自然的还是规则的而把树木盆景分为自然型和规则型；又依据造景不同将山石类划分为旱景型、水景型、水旱景型。而树石类属于过渡类型，有时偏向于树木类，有时偏向于山石类，视其特点可参考树木类或山石类分型。

（4）亚型　根据树木盆景的根、干、枝的造型变化，将自然型树木盆景分为三个亚型，即干变亚型、根变亚型、枝变亚型；将规则型树木盆景分为两个亚型，即干变亚型、枝变亚型。山石类盆景根据山峰数量、形状将水景型划分为两个亚型，即峰形亚型、峰数亚型。

（5）式　根据树木形态、数目和山石盆景布局的不同再将各型及亚型分成若干式。

（6）号　所有各式又根据规格的大小将其分为特大号、大号、中号、小号、微型五个号。

表1.3　中国盆景六级系统分类表

系统	类	亚类	型	亚型	式	号
中国盆景	树木类	松柏亚类 杂木亚类 观花亚类 观叶亚类	自然型	干变亚型	直干式、斜干式、卧干式、曲干式、悬崖式、枯干式、劈干式、附石式、单干式、双干式、三干式、丛林式、象形式	特大号：>200 cm；ㅤ大号：100～200 cmㅤ中号：50～100 cmㅤ小号：20～50 cmㅤ微型：<20 cm
				根变亚型	提根式、连根式、提篮式	
				枝变亚型	垂枝式、枯梢式、风吹式	
			规则型	干变亚型	游龙式、扭旋式、一弯半、老妇梳妆式、疙瘩式、鞠躬式、方拐式、掉拐式、对拐式、直身加冕式、三弯九道拐、大弯垂枝式、滚龙抱柱式	
				枝变亚型	平枝式、云片式、圆片式、六台三托一顶、屏风式	
	山石类	硬石亚类 软石亚类	水景型	峰形亚型	立山式、斜山式、横山式、悬崖式、怪石式、象形式、峡谷式、瀑布式、峭壁式	
				峰数亚型	群峰式、散置式、孤峰式、对山式、开合式、石林式	
			旱景型		沙漠式、挂壁式、石供式	
			水旱景型		水畔式、溪涧式、江湖式、岛屿式、综合式	
	树石类	硬石亚类				
		软石亚类				

任务实施

本次任务单个学生即可完成,所以可以不分组,但学生间可以讨论。具体完成任务可以按以下3步进行:

(1)领受任务　教师分配任务,先让学生明白需要完成任务的内容,让其知道盆景分类的意义,韦金笙、明军、彭春生的盆景系统分类方法。指导学生通过相关知识的学习可以完成以上任务。

(2)知识学习　学生明白任务后,学习知识点了解盆景分类的意义,韦金笙、明军、彭春生的盆景系统分类方法。

(3)完成任务　学生通过知识点学习,回答提问。教师进行点评并记录各位同学的表现及完成任务情况,给出综合评价等级或分数。

任务考核

每位同学独立完成任务,形成纸质作业或电子作业,有条件的可以做成PPT,每位同学准备汇报;指导教师根据学生任务完成的有效性、任务完成的态度、责任感及汇报的情况等进行综合评分(表1.4)。

表1.4　"盆景的分类与类型的认知"任务考核表

学习目标	评价标准	评价得分
理论知识 (20分)	盆景分类的意义;盆景系统分类法主要方法	
专业技能 (30分)	能理解韦金笙、明军、彭春生的盆景系统分类法的区别与联系	
任务完成 (30分)	纸质作业、PPT、任务问答的有效性	
学习态度 (20分)	完成任务的态度、责任感	
综合评价及建议:		

任务4　盆景立意与表现的认知

任务提出

依据图1.16鲍世骐的刺柏树种作品《东岳双雄》,讨论该盆景的立意与布局的艺术表现。

请根据图1.16,通过知识的学习,完成以下任务:

(1)分析该盆景立意与布局体现了哪些艺术表现手法。

(2)归纳总结盆景立意与布局的艺术表现手法。

图1.16　鲍世骐作品《东岳双雄》

任务分析

盆景是"无声的诗,立体的画""有生命的雕塑,凝固的音乐"。它源于自然,高于自然,是自然美和艺术美的高度融合。初步了解盆景的艺术表现手法有哪些,以及如何根据材料特色、主题要求,采用相应的艺术表现手法。有了立意,再通过具体的艺术表现手法把立意表达出来。了解了艺术表现手法,可以为后面的盆景创造奠定基础。

相关知识

盆景的立意与布局直接影响盆景的艺术效果。盆景的用材、加工方法、造型风格虽各不相同,但"万变不离其宗",它们都遵循着一些共同的规律和表现方法,只要掌握了这些规律和表现方法,再结合创作者的艺术修养和制作技巧,在加工创作盆景时就会得心应手,"法一而形万"。它是作者灵活运用各种艺术表现手法,对大自然的一山、一水、一草、一木进行提炼、抽象、剪裁、取舍、渲染、夸张所致。盆景的立意与布局的基本原则有如下要求。

1)师法自然　意在笔先

巍巍中华,山川秀丽,"泰山之雄、黄山之奇、华山之险、漓江之秀、鼓浪屿之媚,青城山之幽……",为创作盆景提供了丰富的素材。我国山野古刹之中古树奇木甚多,有的悬根露爪,有的虬龙多姿,有的苍古奇特,有的潇洒飘逸,为创作树木盆景提供了宝贵的范例。因此,制作者应走入自然,拜自然为师,积累素材,充实心源,激发创作灵感和欲望。

立意是造型的前提。古人云:"凡画山水,意在笔先。"盆景制作也是如此。立意即构思,构思即艺术家在孕育作品过程中所进行的思维活动。它包括提炼题材、确定主题、探索最佳表现形式等。构思常受到世界观、文化素养、当地风土人情、个人特性和创作意图等的影响。盆景作品的好坏与立意关系特别密切。立意庸俗、墨守成规,当然就创作不出造型新颖、具有诗情画意的盆景来。清代画家方薰在《山静居画论》中曰:"作画必先立意以定位置,意奇则奇,意高则高,意远则远,意深则深,意左则左,意庸则庸,意俗则俗。"这个论述是很有道理的。

盆景立意有两种情况,一是"因材立意",二是"因意选材"。前者是根据石料的形态、颜色、皴纹、质地等特点,经反复推敲后确定主题,然后进行创作。这种情况是当石料种类和数量不很充足时,常采用的一种立意方式。后者是先拟定主题,然后再去选择石料。这种情况是在石料充裕可自由选择时采用。无论是何种方式,创作者都应充分认识不同材料的艺术表现。例如修竹的气节、榆桩的古雅、松柏的刚劲、梅花的香韵、杜鹃的妩媚、藤萝的缠绵、六月雪的清丽、怪柳的柔美、枸骨的火辣等。又如砂积石、浮石宜表现线条柔和的山峦;芦管石、钟乳石易于表现奇峰异屿;斧劈石、砂片石宜表现刚劲挺拔的气势(图1.17);海母石和卵石则宜表现南国山水等。掌握了各种材料的形态特征和艺术象征,才能在构思中巧妙运用。

2)主体突出　主次分明

主体就是盆景中的中心景物,起到统领全局的作用。围绕主体周围的其他景物为次,起着

图1.17　乔红根作品《高崖古洞》

突出、烘托主体的作用。古人云"主山最宜高耸,客山须是奔趋"。

在树木盆景中,除孤植式盆景外,凡两株以上栽植的多干式盆景,要注意宾主关系。一般来讲,盆景的主树,其体量与高度要大于客树。主客树之间在形体上要注意高低、立斜、俯仰和曲直关系,要有远近变化。它们在平面布置上要呈不等边三角形。具体来讲,两株树木盆景,要求一主一客、一高一矮、一直一曲;三株树木盆景,要求一主一客靠近,另一客远离;五株树木盆景,要求一主二客靠近,另二客远离,依此类推(图1.18)。

图1.18　黄翔作品《雨霁寒江》

在山水盆景中,主峰是山水盆景的主体,要在高度、大小、气势上力求夺目。客峰应在形态、大小等方面与主峰相陪衬,相协调。在垂直布局上,要避免出现等高的峰峦,应高低起伏、错落有致,整体布局为不等边三角形。根据立意构思的需要,首先考虑主山的位置,确定其主导的地位,再定客山的位置。在平面布置上,也要呈不等边三角形。主景不宜居中,在盆中的位置以偏左或偏右为宜(图1.19)。

图1.19　冯连生作品《故乡行》

3）以小见大　妙用远法

盆景是"缩龙成寸"的高雅艺术。高不足尺的树木，能显示苍古奇特的风姿。小小盆盎，布置几块山石，却能表现宽阔的水域和起伏的山峦。古人云"丈山、尺树、寸马、分人"，就是要求作者必须掌握景物之间的比例关系。

在树木盆景中，在注意景物之间的比例关系的同时，常常采用对比和衬托的手法，以突出小中见大的艺术效果。例如在布局中，常常采用一高一矮、一直一斜、一大一小的手法，达到"以仆衬主"的目的。在小小盆盎中，几株小小树木，巧妙布局，高低错落，疏密有致，呈现在人们面前的是一片森林（图1.20）。

在山水盆景中，常用小小的舟帆、人物、小桥、亭榭等来衬托山峰的壮观，达到小中见大的艺术效果（图1.21）。除了注意配件与山峰的对比关系外，还要注意配件之间的比例关系，如人比船大、船比桥大，那就会弄巧成拙。

图1.20　梁悦美作品《榉》　　　　图1.21　符灿章作品《一溪霜月》

盆景是立体的画，随着观赏者的视角变化会出现俯视、仰视和平视等不同的画面效果。宋代画家郭熙说："山有三远，自山下而仰山巅谓之高远。自山前而窥山后，谓之深远。自近山而望远山，谓之平远。"因此，在制作盆景时，必须掌握近大远小、近浓远淡、下大上小、近清晰远模糊的透视原理。

在制作山水盆景时，如果是高远式山水盆景，应以高大挺拔的山石作为主峰，主峰旁配以较小的客山衬托主峰的挺拔险峻，以低矮的山石表现远山。如果是深远式山水盆景，应注意前后层次，表现山重水复，重峦叠嶂；近山皴纹清晰可见，远山则应渐渐模糊。如果是平远式山水盆景，峰峦低平，山体外形以曲线为主。

4）虚实相宜　疏密得当

一件上乘的盆景作品，应在总体布局上做到"虚实相宜，疏密有致"；局部布局上，做到"虚中有实，实中有虚""密中有疏，疏中有密"。过实会产生压抑感，过虚会空荡无物。实是实体，是景；虚是空白，也是景。实能突出主体，形成视觉中心；虚能使观者产生联想，丰富意境。疏密与虚实是密切相连的。过密必实，过疏必虚。只有疏密得当，虚实相宜，才能使作品具有音乐般的韵律美（图1.22）。

在树木盆景造型时，过密的枝叶，不但对植株生长不利，还影响对树木枝干的观赏。枝干的去留，枝片之间的距离，应有疏有密、不能等距离布局，否则会显得呆板。在多株（7株以上）丛林式盆景造型布局时,主景组树木不但要高,而且应该密;客景组树木不但要小,而且应该疏。

在山水盆景中,实指的是山石、植物和配件;虚指的是水、雾、山洞和天空。山和水在不同类型的盆景中占的比重是各不相同的。如在平远式山水盆景中,两者比例一般在3∶1左右;在深远式山水盆景中,两者各占一半左右;在高远式山水盆景中,两者比例一般为3∶2左右;在制作山水盆景时,如水面宽阔,显得太虚时,可在水面点缀几只小舟、竹排和小岛屿,达到虚中有实,并增添生气和意境;如山石过实,可在山石的适当位置凿山洞,或在山峰之间留出适当的空隙,达到实

图1.22　刘友坚作品《飘逸》

中有虚。在造型布局上,应注意山峰的位置,配件的安置、植物点缀、水岸线的变化也应有疏有密、疏密有致,使作品具有鲜明的节奏韵律。

5)直曲和谐　露中有藏

在盆景造型艺术中,曲线体现柔性美,直线体现刚性美。一件作品如果直曲和谐,刚柔相济,才能显得更加优美。

在山水盆景中,石为刚,水为柔。在山体外轮廓线中,直为刚,曲为柔。在垂直布局上,要求山峰高低错落有致,成一条曲线,具柔美的节奏感。主峰的峭壁笔直挺拔,具有雄伟之势,但显得呆板。如果在峭壁之处增加曲折变化,或悬崖,或伸展的树枝,这就是直中有曲,曲直结合。在水平布局上,峰峦位置要前后左右错开,不要在一直线上。高远式山水盆景以刚为主,具有阳刚之气,曲折萦绕的山脚线衬托山峰的高大挺拔,具有以柔衬刚、刚柔相济的作用。平远式山水盆景山峰较低矮,外形轮廓以曲线为主,平静的水面更使人感受幽雅平静的柔性美,配长方形盆钵,其笔直的盆钵沿线会使人感受到柔中有刚,直曲和谐(图1.23)。

图1.23　符灿章作品《百舸争流》

图1.24　赵庆泉作品《垂钓图》

在树木盆景中,盆钵为刚,植物为柔。就植物本身而言,直的枝干为刚,弯曲下垂的枝干为柔;枝干的硬拐角为刚,圆弧状拐角为柔。如果是水旱盆景,石料采用龟纹石,从内涵上讲,山石为刚,植物为柔;从外形线条上讲,树木的直干为刚,龟纹石外形轮廓线为柔,弯曲的山脚线为柔,充分体现了直曲和谐之美(图1.24)。

在盆景布局造型中,要做到景物有露有藏,欲露先

藏,方显含蓄。例如在山水盆景中,峰与峰互相掩映,起伏绵亘,坡脚水岸萦洄曲折,洞壑幽深不见底,道路小溪时隐时现,亭子茅屋仅露一半,树枝从山后峭壁伸出部分等,就可展现景外有景、景中生情的意境。在树木盆景中,树木的枝叶前后错落穿插,枝干相互掩映,树木布局有疏有密,树冠高低错落,有露有藏,才能给人深邃的意境与无穷的回味。

6) 繁中求简　静中求动

要在有限的盆盎中表现无限的自然风光,要求作者必须突出重点,去粗取精,繁中求简,集中概括,把自然景物中最精华的部分充分表现出来。对不足之处,通过艺术手法加以修饰,使观赏者从盆中的几座山峰、数株树木,领略泰山之雄、黄山之奇、华山之险的美丽自然景色。这就是繁中求简的艺术效果。

在树木盆景造型时,初坯往往枝繁叶茂,这时,作者首先对树坯的形态、大小等特征反复观察思量后确定主题,然后对树坯进行修剪造型,剪除大部分枝干,仅留一段短的主干和 3~5 根枝条,这就是"繁中求简"在树木盆景造型中的具体运用。繁中求简并不是越简单越好,简是为了突出重点、突出主题,使作品更完美。因此,简是树木盆景的一种造型艺术手段。

盆景本是静态之物,但作者如果巧用盆景造型技艺,可使作品静中有动,稳中有险。静感给人以安详恬静的感觉,动感使景物具有活力,充满生机,增添意境。

图 1.25　符灿章作品《孤台清江水》

在山水盆景中,可以通过以下技法使景物具有动感。在垂直布局上,整体轮廓为不等边三角形;主峰高耸,客山倾斜,有奔趋之势;主峰侧面为悬崖峭壁,或具倒挂石;在适当位置布置小溪、瀑布、潭、江河、湖泊等;坡脚蜿蜒曲折,疏密相间;在水面布置小舟、竹排、帆船、小桥等,在山体上布置人物、动物等配件;山石和树木象形化等(图 1.25)。

在树木盆景中,除上述有些手法可用于树木盆景的动感表现外,还可以通过以下手法得以实现。树冠呈不等边三角形;树干或弯曲,或倾斜,或横卧;树枝偏向一侧,有风动之势;单株树木栽植于盆钵右侧或左侧1/3处等。这些手法的运用既符合植物的生长规律,又达到了加强动感的目的。

7) 对比和谐　统一协调

盆景造型中常用对比手法来突出某一景物或景观,增强景物的视觉冲击力。常用的对比手法有:聚与散、高与低、大与小、重与轻、主与宾、虚与实、明与暗、疏与密、曲与直、正与斜、藏与露、巧与拙、粗与细、起与伏、动与静、刚与柔、开与合……值得注意的是,在盆景造型中,对比的手法不宜用得过多,而且要注意处理对比与和谐之间的关系,即要做到刚柔相济、疏密得当、巧拙互用、虚中有实、实中有虚、露中有藏、藏中有露的对比和谐统一。所谓统一就是要求景物形状、姿态、体量、色彩、线条、皴纹、形式、风格等,有一定程度的同一性、一致性,给人以统一的感觉。

在山水盆景中,主峰、次峰和配峰要有一定的高度差别,具有一定的对比效应。纹理要求一致,即皴纹一样,石种要求一致。否则,会使人感到杂乱无章,没有统一感。

在树木盆景中,枝干的长短粗细既要有适当的比例,又要统一协调,即主干下粗上细,主干粗支干细,侧枝依次渐细,枝片下大上小,这样才显得协调。相反,就会因枝干不协调而失去美感。一般情况下,不宜将几个不同品种的树木栽植在同一盆钵之中,否则,树木的形态、颜色、叶片的形状、大小很难达到统一协调。但也有例外,如贺淦荪先生的《秋思》(图1.26),将榆、朴、牡荆、三角枫几种树木植于同一椭圆形盆中,用风吹式把它们统一起来。除根、干、枝、叶应相互协调外,树木和盆钵的大小、样式、深浅、色泽也要相互协调。盆景中的配件搭配也应协调一致。

8)形神兼备 意境深远

盆景的形是指盆景的外部形貌;神是指盆景所蕴含的"神韵"及其独特的个性。盆景作品是师法自然,但又高于自然,通过艺术手法将自然美和艺术美相结合的作品。因此,盆景作品应具有独特的个性和韵味,达到形神兼备、意境深远的境界。

图1.26 贺淦荪作品《秋思》

在树木盆景中,常运用去粗取精、夸张、变形、缩龙成寸的艺术手法,使盆中的树木比自然界树木更加雄伟壮观、苍古奇特。在山水盆景中,常采用"小中见大""咫尺千里"的艺术手法,使盆景具有波澜宽阔、山峦重叠、意境深远的自然美和艺术美。

所谓意境就是盆景中的景象与作者的思想感情融为一体,能使观赏者产生情景交融、触景生情、理趣无穷的感受。具有意境美的作品耐人寻味、百看不厌,将自己的感情融于景中。例如贺淦荪先生以榆、水磨灰石创作的《风在吼》(图1.27)。几株被狂风摇曳的树木,让人领略到一种坚韧不拔、"任凭风吹浪,我自岿然不动"的顽强拼搏精神。由此可见,只有深邃的意境才能赋予作品无限的艺术美。

图1.27 贺淦荪作品《风在吼》

任务实施

本次任务单个学生即可完成,所以可以不分组,但学生间可以讨论。具体完成任务可以按以下 3 步进行：

(1)领受任务　教师分配任务,先让学生明白需要完成任务的内容,让其知道需要从知识点中学习,学习盆景作品的艺术表现。教师指导学生,通过相关知识的学习可以完成以上任务。

(2)知识学习　学生明白任务后,学习知识点,了解盆景的艺术表现原则。

(3)完成任务　学生通过知识点学习,指出《东岳双雄》盆景作品的艺术表现。教师进行点评并记录各位同学的表现及完成任务情况。

任务考核

每位同学独立完成任务,形成纸质作业或电子作业,有条件的可以做成 PPT,每位同学准备汇报;指导教师根据学生任务完成的有效性、任务完成的态度、责任感及汇报的情况等进行综合评分(表 1.5)。

表 1.5　盆景的艺术表现任务考核表

学习目标	评价标准	评价得分
理论知识 (20 分)	盆景的艺术表现	
专业技能 (30 分)	能理解盆景立意与布局;指出盆景作品的艺术表现原则	
任务完成 (30 分)	纸质作业、PPT,任务问答的有效性	
学习态度 (20 分)	完成任务的态度、责任感	
综合评价及建议:		

[作品鉴赏]

命题盆景作品《登高望远》鉴赏

"独在异乡为异客,每逢佳节倍思亲,遥知兄弟登高处,遍插茱萸少一人。"这是我国唐朝大诗人、大画家王维的《九月九日忆山东兄弟》。远方游子孤寞浓郁的思乡思亲之情浓缩于这首"七绝"诗之中,成为千古绝唱。以此意境立意,创作盆景作品,通过鲜明、具体的艺术形象,表达作者的思想感情。

2004 年 10 月中旬,作者黄光伟选用一棵已培育 10 多年的双斜干雀梅进行重剪后剔叶,仅留少量黄叶表现秋意,脱盆,修根,作为旱景组合的主景树;选用一大三小红褐色的泥石加强秋景的色彩,暗介"九九"之意;一白釉远瞩古人为主景焦点;50 cm×90 cm 的黄褐色浅盆;配用些少黄苔。作者将主景树植于盆的左侧,紧靠盆边;盆中置大一点的泥石成为视线焦点;近邻附小石并做成斜山坡状;右盆面让出大量空白,境界开阔,虚灵脱俗,遐想联翩。盆面植黄苔,大石上安置远瞩古人,登高望远的主题得到很好的再现。红、褐、黄亮丽的色彩紧扣深秋萧瑟寂寥的主

题气氛。作者利用一造型并不完美的双斜干雀梅桩,几件配器就完成了作品的创作全过程。《登高望远》的主题意境活灵活现(图1.28)。

图1.28 黄光伟作品《登高望远》

[技能实训]

对当地的盆景作品进行调查,了解盆景的类型、植物及流派等。掌握这些盆景植物、石料、风格类型、流派等,并保留图片与影像资料,供大家讨论。

[思考讨论]

(1)讨论如何学习盆景这门课程。

(2)讨论盆景如何分类及评价。

(3)谈谈盆景如何进行艺术表现。

项目  盆景制作器具及石材的
识别

[学习目标]

知识目标:

(1)了解盆景常用石材;

(2)了解盆景常用景盆、几架、配件及工具。

能力目标:

(1)能识别常见的盆景石材及其应用;

(2)能认识盆景制作中常见的景盆、几架、配件、工具及其应用。

[项目分析]

"工欲善其事,必先利其器",器材的发现与选择、运用是盆景创作的基础。虽然,评价一件盆景品质的好坏,不在用什么材料制成,也不在其大小,而在于其造型立意,但是盆景作品从创作到完成,都依赖于一定的器材,受限于材料的特征。好的器材,为好的盆景创作奠定了基础。本项目中,要对盆景的常用石材、景盆、几架、配件、工具进行认识,初步掌握其运用的特点。盆景制作过程中,采用的工具也很关键,它可以更好地为盆景创作服务。本项目重点是对石材和盆景制作工具的识别,难点是对石材的识别。

任务1 盆景石材的识别

 **任务提出**

图2.1和图2.2是两件山水盆景作品,请依据图中情景和盆景作品中所用石材的特点,通过相关知识的学习,完成以下任务:

(1)请识别两图中的盆景所用石材可能是什么石材以及判断依据。

(2)归纳总结常用盆景用石材的类型、名称及其特点。

（3）讨论生活中可以用哪些材料替代盆景石材。

图2.1　盆景石材（一）

图2.2　盆景石材（二）

 任务分析

　　石材是山水盆景的主要材料。要制作山水盆景,就要先通过相关知识学习,有条件的可以对盆景作品进行调查,了解有关盆景所用石材的特征,通过网络与实地一并识别盆景石材的特点,为后面的盆景的石材选择与运用奠定基础。

微课

 **相关知识**

　　我国地域广阔,石材丰富,适合制作盆景的石材种类繁多。我国盆景石材的研究历史悠久。宋代杜绾的《云林石谱》一书中记录:"石品一百一十六种。"盆景的石材可分为两大类:其一是软质石材（又称软石）,质地疏松、质轻、吸水、能生青苔、易于加工;其二是硬质石材（又称硬石）,质地坚硬、质重、不吸水、不易加工。

1)软质石材

　　（1）浮石　浮石又称浮水石、水浮石,学名沸浮石,因质轻能浮于水面而得名。浮石是火山岩,主要产于各地如吉林长白山、延边,黑龙江嫩江等地的火山口附近。浮石有白色、灰黄、浅灰、深灰、黑色等颜色。浮石质地软硬度差别较大,大部分质地较软;并且孔隙大小不一,孔隙小的细密,孔隙大的疏松。水浮石成分为二氧化硅。孔隙小的可加工雕刻出细密纹理,孔隙大的就难加工雕刻出理想细密纹理。水浮石不像芦管石那样奇形怪状,也不像龟纹石那样具有天然纹理,制作峰峦的形态及其纹理需要人工雕刻。

图2.3　黑浮石

浮石是制作盆景的常用材料之一。浮石质轻而软,极易加工,用普通木锯、手锯、钢锯就可把石材锯截开;吸水性能好,只要温度、湿度、阳光适宜就自然生出青苔,有的浮石上还可长小草;浮石坚固度较差,不易用来制作大型盆景,常用来制作中型、小型或微型盆景(图2.3)。

(2)砂积石　砂积石是泥沙和碳酸钙凝结沉积而成。根据砂粒的大小,砂积石又有粗砂积石和细砂积石之分。砂积石主要产于浙江、安徽、广西、四川、湖北、山东、北京等地,因产地不同色泽不一,有土黄色、灰褐色、棕红等色泽。砂积石因泥沙和碳酸钙的含量比例不同,有松有硬,质地不均,含泥沙多的石质较疏松,吸水性好,但不坚固;含碳酸钙多的石质较硬,吸水性能差。

砂积石是制作盆景最常用的石材之一。因为砂积石吸水性能较好,又有一定坚固度,可制作大型、巨型山水盆景。制作大中型山水盆景的山峰,特别是主峰应用质地较硬的砂积石,搬动运输时不易折断;质地较软者,可做矮山、远山、岛屿、礁矶等。砂积石上易生苔,也容易栽种草木,绿化盆景(图2.4)。

(3)芦管石　芦管石有粗、细两种,粗者如较细竹竿,细者如麦秆,所以又有麦秆石之称,主要产于广西、湖南、湖北、浙江、安徽、山西等地。芦

图2.4　砂积石

管石是由泥沙和碳酸钙胶合的地表石灰质砂岩,除含泥沙和碳酸钙外,有的还含有部分植物残体,如树木枝叶、芦苇、草等。由于有这些有机物质混在其中,从而形成粗细不同、纵横交错的管状结构。芦管石有土黄色、黑土黄、白色等。芦管石形态自然,多奇峰异洞。

芦管石是制作盆景、堆砌假山最常用的石材之一。芦管石因能吸水,易于生苔,适宜小草木的生长;且蓄存量、产量都比较大,价格比较低廉,受到广大盆景爱好者的青睐(图2.5)。

图2.5　芦管石

(4)海母石　海母石又称海浮石、珊瑚石,学名六射珊瑚,是海洋中珊瑚的一个品种。海母石主要产于福建、广东、海南等地。海母石是六射珊瑚遗体聚积而成的化石,主要成分为石灰质。有细质和粗质两种,细质疏松而均匀,有的能浮于水面,细管直径 0.3 cm 左右,易于雕琢加工;粗管直径 0.7 cm 左右,粗管的外形和纹理都比较优美,但质地较硬,难于雕琢。

海母石一般为白色,吸水性能较好,可加工制作成多种款式的盆景。因为海母石没有太大石块,常用其制作中小型盆景(图2.6)。因其产于海洋中,海母石含盐分较多,要用清水浸泡一段时间,并多次冲洗,去掉盐分后,才可栽种草木,生长青苔。

图2.6　海母石

(5)鸡骨石　鸡骨石是石灰岩硫化矿物等露出地后,经多年雨水冲刷和风化而形成的。鸡骨石主要成分为二氧化硅,因其颜色、结构、纹理与鸡骨相似而得名。鸡骨石产于河北、山西、安徽等地。鸡骨石呈不规则的孔隙,有的质地均匀能吸水,有的质硬,吸水性能差。鸡骨石的色泽有土黄、棕红、灰白、红褐等色。用鸡骨石制作山水盆景,只能雕琢出峰峦的外形,难以雕琢出纹理。

鸡骨石结构纹理好似国画中的乱柴皴,构成大小不等、不规则形的网状格(图2.7)。适合制作大、中型山水盆景,不能做微型盆景。有的盆景艺术家将鸡骨石进行加工,把石中央雕琢成凹陷形或盆钵状,成为栽种树木盆景的盆钵,别有一番情趣。亦可用其堆砌假山。

图2.7　鸡骨石

2)硬质石材

(1)斧劈石　斧劈石又称劈石,属页岩类。斧劈石是经过长期沉积而成,主要含有石灰质和炭质。它产于江苏、浙江、安徽、贵州等地。由于沉积年代的长短,风化程度不一,以及所含成分的差别,致使色泽和质地有所不同,以深灰和黑色最为常见,也有浅灰、黑土黄、土红(五彩斧劈石)、灰色夹白(雪花斧劈石)等色。斧劈石的纹理挺拔刚劲、表里一致、质地坚硬而脆。多呈条状或片状。从石的一端敲击后常纵向裂开,犹如天然陡壁。

斧劈石是制作山水盆景最常用的石材之一,其中以江苏武进、丹阳一带出产的斧劈石为佳(图2.8)。斧劈石适于制作表现险峰峭壁或雄伟挺拔、高耸入云的巨峰。向石材以及石材上的草木喷水后,如江山雨霁,出石色泽加重而润泽,雄姿焕发,植物枝叶青翠,别有韵味。斧劈石中还有一种质地较软者,可用钢锯锯开,也可用钢锯条断端在石材划刻纹理。这种较软的斧劈石石块较小,适合作小型、微型盆景。

(2)千层石　千层石是水石岩的一种,深灰色或土黄色,中间夹一层浅灰色石砾层。千层石产于川东、江苏、浙江、北京、安徽等地,因产地不同,色泽、层次厚薄、形态亦不相同。外形凸凹不平,好似久经风沙的侵蚀状,石纹理横向,形态奇特别致,又像画中的折带皴。千层石质地坚硬不吸水。

千层石常被用于制作沙漠风光的盆景或树石盆景中的配石(图2.9)。

(3)龟纹石　龟纹石又称龟灵石,是石灰岩的一种。龟纹石产于四川、安徽、湖北、山东等

地。石灰岩的表层长期裸露于自然界,因受风吹日晒、雷电冰雹、昼热夜冷等变化,在自然因素作用下,岩石不断胀缩,久而久之,造成岩石表面相互交叉的裂纹,便形成似龟背纹理状的岩石。龟纹石有深灰、褐黄、灰黄、灰白、淡红等色。龟纹石质地坚硬,难以雕琢加工,体态古朴浑圆,气势非凡,具有自然情趣,吸水性差,石内无洞孔。龟纹石多数只一两面有纹理,具有山峰状的石材较少。

图2.8　斧劈石

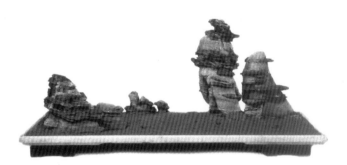

图2.9　千层石

　　龟纹石是制作树石盆景水岸线以及盆土之上用石佳材,也是制作山水盆景常用石材之一(图2.10)。

图2.10　龟纹石

　　(4)木化石　木化石又称树木化石,学名硅化木,产于辽宁、浙江、重庆、北京等地。木化石是古代树木因地壳运动被埋入地下,经过几千万年或数亿年的高温、高压硅化而成。形似树木,实是化石,既有树木的形态纹理,又有岩石的质地,不吸水,常含有松脂痕迹。木化石多竖向纹理,刚直有力,质地坚硬而脆,难以锯截雕琢加工,制作盆景多取其自然形态。木化石有浅黄、深黄、黄褐、灰棕、赤铁等色。因为树木种类不同,形成的木化石也不尽相同。

木化石纹理美观、质坚而耐久,产量不多,是制作山水盆景的名贵石种。形态上乘者,配以做工精湛的几座,即是具有较高观赏价值的雅石(图2.11)。

图2.11　木化石

(5)英德石　英德石又称英石,因产于广东省英德而得名。英德石是石灰石经过长期自然风化和侵蚀而成,多为灰黑色或淡灰色,有的间夹有白色或绿色石筋,偶有纯白者。英德石质地坚硬,不吸水,大多具有正背面,正面风化得好,纹理清晰,有大皴小皴之分,多孔而体态嶙峋,背面较平淡,基本无纹理。英德石质坚而脆,难以雕琢加工,制作山水盆景时要慧眼选石,要挑选体态奇特嶙峋或长条状石,经过锯截、拼接、胶合而成盆景。

英德石用途很广,做水盆盆景、水旱盆景、挂壁盆景、立屏盆景,都是上乘材料,形态好的可做雅石(图2.12)。

(6)钟乳石　钟乳石是石灰岩溶洞中的产物。钟乳石产于广西、广东、浙江、安徽、云南等地,其中以广西桂林出产的钟乳石最负盛名。钟乳石的自然形态都是上部大、下部小的圆锥形实体。外形线条比较圆滑,石内很少有洞穴。钟乳石多为乳白色,也有淡黄、淡红、黄棕等色。形态绮丽多姿,有的钟乳石上还闪烁着晶莹的荧光。钟乳石质地坚硬,难以雕琢,如果进行雕琢反而破坏鬼斧神工形成的自然形态,反而不美。但可以锯截,根据立意构思,把钟乳石截成高低不同的素材。

用钟乳石来制作石材盆景,慧眼选石尤为重要,挑选基本符合造型要求的石材,把底部锯平,按立意构图拼接胶合即成盆景(图2.13)。

图2.12　英德石

图2.13　钟乳石

(7)石笋石　石笋石又称白果石、虎皮石、剑石,产于浙江省长兴一带。石笋石多呈长条形笋状而得名。石笋石有青灰色、淡褐色、青绿色、土黄等色中夹有白色砾石,似白果,所以称白果石。若白色砾石已风化成蜂孔者则称"风岩",砾石未风化者称"龙岩"。石笋石质地坚硬,不吸水,难以雕琢,可以锯截。

石笋石宜作险峰或石林风光,也可在竹类盆景中作配石(图2.14)。

图2.14　石笋石

(8)砂片石　砂片石是河床下面的砂岩经过长期流水冲刷、侵蚀而成。各地古河床中均有出产,以四川西部出产的砂片石质量较好。由于河床下砂岩沉积的年代时间不同,因而砂片石胶合的硬度不同,胶结程度高者质地坚硬,胶结程度低者质地较疏松。砂片石是表生砂岩,分为两种:一种为青色,属钙质砂岩,又称青砂片;另一种为锈黄色,属铁质砂岩,又称黄砂片。砂片石常呈条状或片状,表面砂粒均匀,纹理以直线居多,刚劲有力,间有曲线。

砂片石宜作盆景中的险峰、峭壁、山林等。砂片石质地较硬,难以雕琢纹理,但可进行锯截,有一定吸水性,养护得法,可生青苔(图2.15)。

(9)宣城石　宣城石又称宣石,主要产于安徽宣城、宁国一带。宣城石洁白如玉、棱角明显、质地坚硬、皱纹细而多变,呈多面结晶状,难以雕琢,不吸水。

用宣城石制作盆景,要挑选自然形态,纹理基本相似的石材,适宜表现冰川雪景,别具韵味。上乘的宣城石可做雅石观赏(图2.16)。

图2.15　砂片石

图2.16　宣城石

(10)燕石材　燕石材属沉积岩类,产于北京西部山区。北京人习惯称北京西部山区为燕山,所以称之为"燕石材"。燕石材藏于地表下深达数米的粘土之中,产量不多,纹理、形态优美者尤为难得。燕石材多呈不规则的棱形,也有呈片状的。常见的石块长度多在10~30 cm,超过50 cm者少见,达到100 cm长者更是罕见。燕石材属硬质石类,需用金钢砂轮锯方可锯开,因其质硬,不吸水,也难以雕琢纹理。

燕石材特别适宜制作中小型盆景和微型盆景。因其质硬,纹理美观细腻,山脚完整,形态、纹理均属上乘者,配以得体几座,是具有较高观赏价值的雅石。用此石制作的平远式山水盆景独具特色(图2.17)。

图2.17　燕石材

(11)太湖石　太湖石又称湖石,是石灰岩在水流的长期冲刷和溶蚀作用下形成的。太湖石产于江苏太湖、宜兴,安徽巢湖,湖北汉阳,浙江长兴,北京房山等地。北京房山出产的太湖石通透洞穴较少,人们称其为北太湖石。有灰白、灰黑、土黄等色,以纯白者为佳。其形态奇特,石上有许多奇形怪状的洞穴,有的洞穴相通、玲珑剔透、线条浑圆柔和,石上纹理起伏回转。

太湖石可用来制作各类盆景(图2.18)。太湖石可置庭院,公园单独陈设,也可堆砌假山,亦可在盆景中做配石。形态、色泽均属上乘者,可作雅石观赏。

(12)灵璧石　灵璧石又称磬石,属石灰岩。灵璧石产于安徽省灵璧县。其外表形状与英德石相近似,但石表面较光滑,纹理较英德石少,质地坚硬,鼓击时能发出悦耳的声音,不吸水,也难以雕琢纹理。灵璧石有浅灰、灰黑、白色、赭绿等色。

灵璧石也可做盆景的配石(图2.19)。上乘灵璧石配以得体的几座即是具有较高观赏价值的雅石。

图2.18　太湖石

图2.19　灵璧石

(13)房山石　房山石是由黑、灰、黄、白四色组成的硬质石材,产于北京西部房山区,以黑色、灰色岩石占据每块石材的绝大部分。黑色和灰色呈不规则的长条状或片状间隔存在,黑色和灰色每块石材上都有。黄色岩石呈斑块状,小的仅有黄豆粒大,大的长10余cm、宽7cm左右,黄色斑块石质有的坚硬,有的较疏松,附着在黑色或灰色石材上,质地较疏松者用利器可从石材上除

图2.20　房山石

去。黄色斑块并不是每块石材上都有。四种色泽中以白色占比例最少,很多石块没有白色岩石。房山石基本上都是片状,石片厚多在1~5cm。

房山石形态奇特、质地坚硬,自然具峰峦状外形(图2.20)。用房山石制作山水盆景,只要把底部锯平就可用来布局造型。

(14)锰石　锰石即锰矿石,主要产于安徽等地。锰矿石多为深褐色,有的近似黑色。质地致密坚硬,吸水性能差,偶有质地较疏松者。锰矿石表面多呈竖向纹理,刚劲有力(图2.21)。

锰矿石适宜制作表现雄健挺拔、峰峦突兀的山景。

图2.21　锰石

(15)雪花石　大理石一般为白色,有的似雪花样的纹理,所以称之为雪花石(图2.22)。我国许多地方出产大理石,其中以云南大理、北京房山出产的最为驰名。有的白色中带有灰色纹理,深浅不一,形态多变。上乘大理石质地细腻,洁白如玉,称为汉白玉。还有一种质地细腻呈黑色的石材,人们称其为墨玉。

图2.22　雪花石

盆景用盆,有相当一部分是用大理石加工制作而成。用汉白玉制作的山水盆景盆钵,比用大理石制作的盆钵更美观。用上乘墨玉制成的盆景盆钵更为名贵,是不可多得的珍品。

3)石材代用品

一个盆景的优劣,不在用什么材料,也不在其大小,主要看其立意是否新颖,加工技术是否精湛,造型是否奇特且符合自然,把大千世界艺术地再现于咫尺盆钵之中,给人以"丛山数百里尽在小盆中,天涯海角景顿移君眼前"的感受。这样的盆景虽是用代用材料而作,亦有较高的观赏价值。

除自然石材之外,还可以用其他代用材料,如树皮、煤石、枯木、贝壳、泡沫瓦等材料来制作盆景。这些材料取材方便、经济实惠,对初学盆景者来讲,更是练习手法、增加实践经验的好材料。

(1)树皮　树皮全国各地都有,取材方便。用苍老的树皮,如老槐树皮的特有色泽、纹理和结构制作出的盆景别树一帜,独具特色(图2.23)。适合制作盆景的树皮很多,各种树皮具有不同的纹理,如老槐树皮以竖向纹理为主,好似斧劈石纹理,刚劲有力,有的老松树皮纵横交错的纹理好似苍山岩石纹理。

(2)煤石　人们称之为煤石,工业上称它为煤矸石。煤石质地坚硬,色黑而亮,有的自然形成峰峦状。选用形态奇特的煤石,经过艺术加工——和制作斧劈石盆景基本相同,可制成煤石山水盆景。因为煤石质坚而脆,不能雕琢,所以在选材时注意挑选具有一定纹理和姿态的煤石。

图2.23　树皮盆景

(3)枯木树根　以枯树老根代替石材做盆景,可谓另辟蹊径。凡林中朽木、湖海中浪木都具有造型的艺术价值。枯木是选用形态、纹理比较美观,干枯甚至部分变朽的苍老树木的干、墩以及根部。枯木树根置于盆底,能吸水、长苔、种树,野趣天成,耐人寻味。在人烟稀少的大山或丘陵地区常能发现已枯死多年的树墩。有的树墩本身就盘根错节、凹凸不平,再经风吹雨打,日晒风化,自然形成奇形怪状,略经加工即成山水盆景。

图2.24　贝壳盆景

(4)贝壳　沿海各地均有贝壳。可选取色泽、纹理美观,大小不等的若干贝壳,制作成贝壳盆景。大贝壳凹陷面因色泽艳丽应向观赏面,其下部放纹理优美的小贝壳(图2.24)。

(5)砖块　砖块来源十分丰富,全国各地均有,常见的砖块有灰色和红色两种。用灰色砖块制成的盆景色泽比较自然古朴,比用红色砖块制成的盆景好。砖块质硬带松,特别是在地下埋过较长时间的旧砖块,质地较新烧成砖块要疏松,较易加工,也有一定吸水性。

(6)加气块　加气块也称加气混凝土,它是一种质轻、多孔的新型墙体建筑材料,以水泥、矿渣、砂、铝粉为原料,经磨细、配料、浇注、切割、蒸压、养护和清磨等工序生产出来。其优点是可塑性强,能上水着苔,廉价,品种多样,颜色各异,有深有浅,质软易雕。多用于山水盆景教学实习。

(7)木炭　使用体形嶙峋、纹理明晰的木炭制作山水盆景,易锯易雕,高低远近搭配得体,也很有石材意味,并能吸水和栽种植物而不会腐烂。

(8)人造石　人造石是人造大理石和人造玛瑙的总称,是用不饱和聚酯树脂与填料、颜料混合,加入少量引发剂,经一定的加工程序制成的。在制造过程中配以不同的色料可制成具有色彩艳丽、光泽如玉,酷似天然大理石的制品。人造石具有无毒、无渗透、易切削加工、色彩可任意调配、形状任意浇铸、能拼接各种形状及图案、能与水槽连体浇铸、拼接不留痕迹等优点。

任务实施

本次任务单个学生即可完成,所以可以不分组,学生间可以讨论。具体完成任务可以按以下3步进行:

(1)领受任务　教师分配任务,先让学生明白需要完成任务的内容,让其知道盆景常用的石材及其代用品的类型。指导学生通过相关知识的学习可以完成以上任务。

(2)知识学习　学生明白任务后,学习知识点了解常用石材及其代用品的类型、特点及其应用。

(3)完成任务　学生通过知识点学习,回答任务中的提问。教师进行点评并记录各位同学的表现及完成任务情况,给出综合评价等级或分数。

任务考核

每位同学独立完成任务,形成纸质作业或电子作业,有条件的可以做成PPT,每位同学准备汇报;指导教师根据学生任务完成的有效性、任务完成的态度、责任感及汇报的情况等进行综合评分(表2.1)。

表2.1　盆景石材的识别任务考核表

学习目标	评价标准	评价得分
理论知识 (20分)	盆景石材中的软石、硬石及代用品的类型及特点	
专业技能 (30分)	能识别盆景石材中的软石、硬石及代用品的类型及应用	
任务完成 (30分)	纸质作业、PPT,任务问答的有效性	
学习态度 (20分)	完成任务的态度、责任感	
综合得分及评价:		

任务2 盆景制作工具及用盆、用架的识别

 任务提出

通过对盆景制作地或盆景园的调查,比较分析盆景的制作工具及其用途,比较分析盆景用盆、用架、配件的要求(如有条件,提供主要的制作工具及用盆、用架供学生直接识别)。

根据以上情境,通过相关知识的学习,请完成以下任务:

(1)谈谈盆景的制作工具及其用途。

(2)谈谈景盆的类型及特点。

(3)谈谈盆景用架的要求。

(4)谈谈盆景配件的类型及特点。

 任务分析

"工欲善其事,必先利其器。"盆景的制作,首先需要了解其制作工具及其用途,然后才能据此采用相关的技艺加工盆景材料。此外,盆景材料制作完成后,需要置于相应的盆中及架上,以便观赏。所以,也需要了解盆与架相关的知识点,为盆景创造与欣赏奠定基础。

 相关知识

盆景是一门视觉艺术,同时也是一门立体的造型艺术,植物的修剪、蟠扎、栽种养护,石材的截锯、雕琢、组合造型,都需要丰富的专业知识和文化素养,还需要高超、精湛的造型技能。借助于适宜的工具及辅助材料,更得心应手,实现创意,创作出意境深远的艺术品。

1. 盆景制作的工具与材料

制作盆景的工具,概括地说可简可繁,可利用日常生活必备小工具代替,也可自己加工制作一些简易常用小工具。

1)树木修整的工具与材料

(1)制作工具(图2.25、图2.26)

①疏枝剪:长柄,刀刃较短,刃薄,专用于修剪1~2年生的嫩枝及花、果、叶片。

②剪枝剪:刀刃较厚,常用于3~5年生枝条的短截以及须根的修剪。

③万能剪:又称月牙剪,一侧刀刃锋利、刃薄、较宽,另一侧刀刃较厚,常用于修剪较粗、木质较硬的枝条。

微课

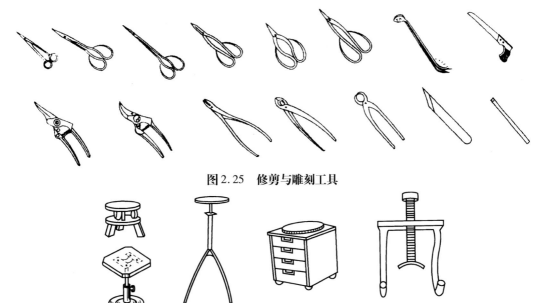

图 2.25　修剪与雕刻工具

图 2.26　转盘、转台、曲干器

④平头斜口剪:长柄,刀刃短、厚、平头,常用于修剪主干分枝,不留茬,有利于茬口愈合。还可用于修剪较粗的主、侧根。

⑤镊子:常用于摘芽、叶、花、果,而不伤害嫩枝。

⑥斜口刀:长柄,刀口宽、薄、锋利,常用于修整创口,使创口平滑,易愈合。

⑦锯子:各种大小不一的木柄锯子,常用于锯截较粗的枝、干、主根。

⑧雕刻刀、雕刻凿:有平口、斜口、圆口、三角口等各种雕刻刀及雕刻凿,常用于茎、干、枝的修整,如枯枝、枯顶的造型。

⑨雕刻机:手提式电动机具,配以各种型号的钻刃,常用于茎、干的雕刻,如茎、干的打孔,去木质部,去皮等。

⑩转台:能旋转、升降的操作台,便于造型。

⑪曲干器:常用于茎、干的弯曲。两边固定,中间旋转,调节弯曲弧度。

(2)蟠扎材料

①棕丝、棕绳:常用于干枝的蟠扎。

②金属丝:有铝丝、铜丝、铁丝,常用于枝的蟠扎造型,也可粘于盆底,固定根系。

③钢丝钳:截断各种型号的金属丝。

④麻皮、胶布:常用于在茎、干的蟠扎、弯曲时的树皮表面垫衬,以免损伤皮层。

(3)辅助材料

①金属钩:细长,先端尖,弯曲带钩,常用于树桩翻盆,去除根部土壤。

②泥筛:不同规格的网筛,常用于筛土。

③喷雾器:叶面、盆面的喷雾。

④水壶:用于浇水。

⑤防腐杀菌剂:涂于创口,起杀菌、防腐、防胶流的作用。

2）石材制作的工具

（1）锯截雕琢工具（图2.27）

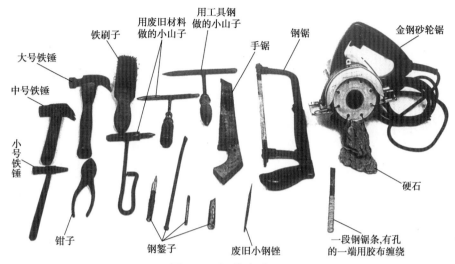

铁刷子　用废旧材料做的小山子　用工具钢做的小山子　手锯　钢锯　金钢砂轮锯

大号铁锤　中号铁锤　小号铁锤

钳子　钢錾子　废旧小钢锉　硬石　一段钢锯条,有孔的一端用胶布缠绕

图2.27　锯截雕琢工具

①小山子:小山子由头部和手柄两部分组成。头部一端呈锐利圆锥状,另一端呈刀状。在头部中间焊上一个手柄即成。小山子可用于石材的雕琢纹理,凿去不需要的石材,把石材凿成几块,在松质石材上造观赏性洞穴,雕琢栽种草木的洞穴等。

②木锯、手锯、钢锯、钳子:

a. 木锯是生活小工具,可用锯截松质石材,大块松质石材难以用木锯锯开。

b. 手锯由锯条和手柄组成。手锯使用方便,根据石块大小选用大小适宜的手锯。

c. 钢锯比木锯、手锯锯凿都小,锯截石材时锯缝小、震动小,特别疏松的芦管石最好用钢锯锯截,有一些石质偏硬的芦管石、砂积石用木锯和手锯锯截比较困难,也可用钢锯锯截。

d. 钳子用于把造型不需要的较硬石材一角夹掉。

③铁锤、钢錾子、铁刷子、钢锯条:

a. 铁锤常用于把硬质石材分开。

b. 钢錾子可用于把石材分开,也可用于较硬石材的雕琢纹理。根据石材的硬度与大小,准备大小和粗细不同的钢錾子。

c. 铁刷子是钣金工常用的工具,可用于除去石材上附着的蜘蛛网、尘土等不洁之物,也可用铁刷子刷石材上的纹理,使纹理能上下贯通或协调统一。

d. 钢锯条常用于质地较软的中小型或微型盆景石材的纹理刻画,这比用小山子雕琢纹理更准确、细密。

④金刚砂轮锯:金刚砂轮锯用于锯截石质坚硬的硬质石材。金刚砂轮锯又分手持活动式和固定到案台之上两种。手持活动式一般较小,便于携带、使用方便。固定在案台之上者,比较重,移动困难,但在锯截石材时比手持活动式省力,准确度也高。手持活动式价格比较便宜,固定式相对比较贵,两者各有优点和不足,可互补使用。

⑤小钢锉、小锤:小锤、小钢锉常用于进一步细致加工洞细微部分不够理想的穴理。

（2）拼接胶合工具（图2.28）

①毛刷、毛笔:毛刷有大、中、小之分,可以去除影响胶合牢固的大小不等的峰峦上残留的石

材粉末。

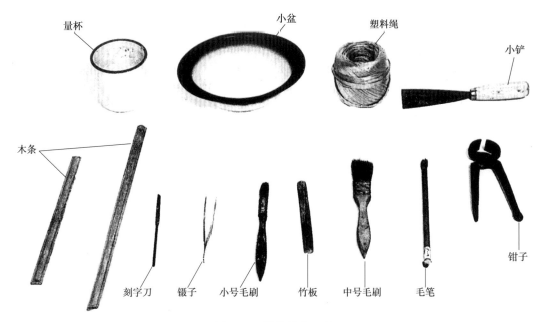

图2.28　拼接胶合工具

毛笔也大中小之分,可用于在用水泥砂浆胶合峰峦时,毛笔蘸水去除两个峰峦吻合部的外露水泥砂浆;毛笔蘸淡墨水在加工留的痕迹上涂一遍使整个颜色深浅一致,景物浑然一体。切忌墨水太浓,一定用淡墨水,涂一遍不成再涂第二遍,浓墨水浸入石材后就不易去掉了。

②钳子、绳子、圆形钢筋夹:钳子可把影响两个峰峦接触紧密的突出部分钳夹掉,以利峰峦的拼接胶合。

绳子、圆形钢筋夹可用于牢固胶合的吻合部。常用把两块石材捆绑在一起,有的人喜爱用圆形钢筋夹把两块石材夹紧。

③小盆、小杯、竹片、木条:小盆内放入水泥、沙子、水等调成水泥砂浆胶合峰峦,小盆大小根据调和水泥砂浆量多少而定。

小杯是量水泥、沙子的量杯。

竹片用来调和水泥砂浆之用,胶合时又用竹片把水泥砂浆铲起放在两块石材的吻合部。

木条用于两块石材上下接拼胶合时,常用把两块石材夹住或只在一侧放一个宽厚长短适宜的木条,有时也用2个木条支撑石材上部,达到稳定的目的。

④镊子、刻字刀:拼接胶合微型山水盆景时,因石块较小,有的只有黄豆粒、绿豆粒那么大,用手拿很不方便,这时就要用镊子把小石夹起,用刻字刀铲起少量水泥砂浆,把几块小石材胶合到一起。

⑤小铲:拼接胶合大型盆景时水泥砂浆用量大,要用小铲来调和水泥砂浆。

(3)辅助材料

①橡皮垫:软石加工时,垫于石材之下,以免石材震裂。

②油灰刀:用于搅拌水泥,黏合石材用。

③白水泥:用于石材的胶合剂。

④颜料:用于水泥配色,主要有铁黑、铁红、铁黄、铬绿等颜色。

⑤胶水:掺入水泥,增加强度。

⑥黄沙:少量过筛细沙,增强水泥的拉力。

制作盆景时,除上面介绍的工具材料外,还有一些物品也是常用的。如胶合峰峦时,有的盆景创作者喜欢在木板上造型胶合,能更好发挥创作性。木板较轻搬动起来比较方便。另外,为防止石材粘到木板上,造型胶合之前,要在木板上放一层牛皮纸。所以木板、牛皮纸是胶合时常用之物。

2. 景盆

盆景用盆非常讲究,盆景顾名思义即盆中之景,盆钵不单是盛水的容器,其本身也是具有观赏价值的艺术品。有"一景、二盆、三架、四名"之说。景物和盆钵匹配协调,将使景物更加优美,否则反之。盆对盆景的作用不仅作为栽种植物或盛放石材的器皿,而且是整个盆景造型的组成部分。盆既划定景物的构图范围,又与景物相辅相成,紧密结合,有着较好的实用价值和艺术价值。

中国盆景艺术的繁荣昌盛和制盆技术的发达是分不开的。自明代以后,对盆景用盆更加重视,出现了不少技艺精湛的制盆高手,他们对中国盆景艺术的发展作出了不朽的贡献。我国的陶瓷工业发达,所制景盆造型古朴、色彩素雅、工艺精湛、款式多样、质地细腻、坚固耐用,其本身就是艺术品。

景盆(图2.29)种类繁多,可根据材料及造型的不同分为不同的类型。

微课

1)景盆分类

(1)按材料分类　景盆按材料不同可分为紫砂盆、釉盆、瓷盆、石盆和云盆等。

①紫砂盆:紫砂盆系紫砂泥经过精选、提炼,制成陶胎,高温烧制而成。其质地细密、坚韧、不上釉,既不渗水,又有一定透气性,这一特性对树木生长有利。其色彩以紫砂泥土本色为主,无光泽、颜色暗红,偏深。色彩典雅古朴、稳重、有内涵,富有民族特征。栽上桩景,有烘云托月之功,无喧宾夺主之嫌,更见其庄重,古雅浑朴。紫砂盆主要产于江苏宜兴、浙江嵊州、重庆荣昌、崇宁等地。现在高档的树木盆景用盆多选用宜兴的紫砂盆。

②釉盆:采用可塑性陶土制作,盆外面涂上釉彩,作盆栽、水石均可。釉盆色彩丰富,色泽光亮,鲜明古雅,装饰性强,也常作盆栽的套盆,由于盆外面上了釉彩,其透气性能稍差,故底部不上釉,或排水孔较多、较大。主要产于广东石湾、江苏宜兴等地。

③瓷盆:采用精选瓷土(高岭土)烧制而成,其质地细密坚硬,色彩鲜艳华丽,且盆面大都有彩绘图案,与景物不调和,吸水透气性差,不宜作景盆,常用作陈设套盆。

④石盆:采用天然大理石凿制而成,质地坚实,色彩素淡,多为白色、灰白色,有正方、长方、圆形等,因体量较厚重,一般宜作大型景盆,固定于庭院之中。石质以细致润泽的房山汉白玉为上品,常作山水景盆。

⑤天然云盆:指石灰岩溶洞中,由岩滴凝于地面而形成的盆钵状物体。盆钵边缘曲折层叠,犹如云彩,故名"云盆",极富自然雅趣。

⑥水泥盆:先做盆形内模,水泥、砂、长石粉(其他白细粉石亦可)比例为1:3:1;内部加钢筋;廉价实用,多用于大型山水盆景的制作。

⑦泥瓦盆:各地均产,粗糙,透性极好,适用于养坯。

⑧竹木盆:产于江西等地,朴素自然。

图2.29 景盆外形及名称

1.长方浅水盆 2.条几式水盆 3.箍腰圆浅盆 4.箍腰浅水盆

5.六角长方浅盆 6.圆形浅盆 7.长方浅盆 8.高颈圆钵 9.腰圆浅盆

10.斗方盆 11.千筒盆 12.方筒盆 13.平肩六角盆 14.高颈镂花盆

15.兽足纹边盆 16.莲花盆 17.漂口圆筒盆 18.平口竹节筒盆

19.漂口圆浅盆 20.镂花圆浅盆 21.圆浅盆 22.漂口圆筒盆

23.平足圆浅盆 24.圆浅盆 25.漂口斗方盆

⑨塑料盆:用塑料制成,色彩多样,形状各异,华丽,不透水,易老化,宜作桩景盆。用塑料仿制山水石盆,物美价廉,颇受欢迎,适宜作盆景无土栽培。

(2)按形状分类 景盆按形状不同可分为长方盆、方盆、圆盆、椭圆盆、八角盆、六角盆、浅口盆、扁盆、盾形盆、海棠盆、自然型石盆、天然竹木盆等。

(3)按深浅分类 景盆按深浅不同可分为以下3类:

①浅盆:多为长方形或椭圆形,可用于多干式、丛林式、连根式、卧干式、附石式和斜干式等桩景用盆。

②深盆:以圆盆、方盆为主,以及在此基础上发展的各种变形盆,如海棠盆、六角盆、八角盆、梅花盆等,它们的长、宽、高尺寸相差不多。可用于直立式、临水式、曲干式等桩景用盆,此盆多

见于传统古典规则式的桩景。

③高筒深盆:盆口多为圆形或方形,高是长宽(或圆的直径)两倍以上,宜配悬崖式桩景。

2)景盆的选择

好盆本身就是一件艺术品,作为盆景用盆需要与树桩、山水相协调,因此必须注意选盆。

(1)树桩盆景的选盆(图2.30)

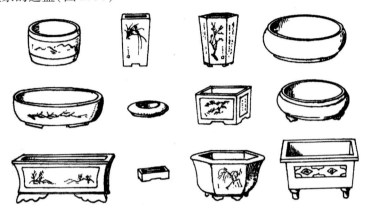

图2.30　树木盆景用盆

①树桩盆景的景盆形状、深浅的选择:对树桩盆景而言,应根据树桩的粗细大小、苍古高矮、栽培深浅、造型式样、叶形及色彩等考虑选盆的形状。由于需栽植景桩,所以树桩盆景的盆一般采用深盆,盆底有排水孔。单干、双干等孤赏性桩景一般用方整、深大的盆,方圆对称给人以明快、醒目之感,盆容量大,有利植物根系生长发育;多干式桩景用较浅的盆,可显出盆的宽敞,使画面境界开阔;特殊的桩型要用特殊的盆,如悬崖式桩景宜用签筒盆,深根性冠幅大的桩景用盆也相应要大而深。

而从盆景竖向构图来讲,盆浅、小些有利于突出桩景主题。但从桩景的养护管理来讲,盆容量的加大有利于根部的生长。因此,不免产生矛盾。所以选盆时需认真权衡,通盘考虑。一般多采用及时翻盆或换盆来克服盆土容量小的问题。单干式或同树种的多干式的桩景养护中只针对一个树种,比较容易掌握。当一个盆中有多个树种时,由于生长规律不一及桩景个体间差异,很难在一盆中区别对待,养护要求较高。所以常见的树木盆景多以单干式为多,多干式中也以同一树种为多,即源于此理。

②树桩盆景的景盆颜色、材料的选择:盆的颜色与质地的选配,总的来讲传统上多采用紫砂盆。紫砂盆的颜色质地古朴、典雅、深沉、柔和,盆面细腻,做工精细,能广泛适合各类树桩的栽培和陈设观赏,特别是中型的老桩使用紫砂盆,更突出桩景的苍古,使盆桩易于统一协调。小型、微型树桩盆景只求古意,不如中大型盆景的气势大,因此,除了可用紫砂盆加以烘托,也可用均釉盆来增添活泼气氛,调节对比关系。瓷盆胎薄、细润、高雅华贵,用它来配古桩会冲淡苍古韵味。瓷盆的物理性能,特别是透气性较差,直接栽入瓷盆的桩景养护十分困难,因此可作套盆用于花果类树桩,但以素色、淡雅为好,不宜选用色彩过浓、装饰过多的彩盆。石盆一般用大理石、青石等制成,也有用水泥等材料仿制,多为浅盆,适合石材盆景,也可用于多干丛林式盆景。

(2)山水盆景的选盆(图2.31)

①山水盆景的景盆形状、深浅的选择:山水盆景用盆都比较浅,浅口盆可使景物显得高大,水域辽阔,而且能观赏到山脚的曲线美,同时还能起衬托造型的作用,这是深盆所不能及的。但

由于地区自然条件、气候等不同原因,我国北方比南方干燥、风大、水分蒸发快,在平日养护中用盆比南方略深些为好。

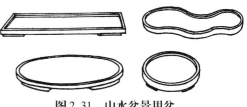

图2.31　山水盆景用盆

山水盆景最常用的盆钵为长方形或椭圆形,长方形盆钵显得大方,刚劲有力,常用来表现雄伟、挺拔、险峻的山景。椭圆形盆钵显得柔和优美,常用来表现开阔的景色。此外还有圆形、扇形、不规则形(又称异形)等款式的盆钵。这打破了长方形盆、圆形盆、椭圆形盆规则的线条,盆的外形更加活泼随意,因此受到人们的喜爱。山水盆景用盆,除考虑其优美外,还要考虑到个人的、经济条件。如汉白玉盆、墨玉盆对突出盆景所表现的意境作用非同小可,但价格较贵,大型盆就更昂贵,经济尚不富裕者难以承受。盆景爱好者可用白水泥、白石米因陋就简地自制盆钵,其规格、色泽可随人意。只要设计精巧,制作技术熟练,制作出的盆钵有的可达到以假乱真的程度。

古代山水盆景用盆一般比较深,有时用香炉来代替。随着时代的前进、人们欣赏习惯的改变,山水盆景用盆逐渐向浅口盆发展,目前盆长100 cm的盆钵,盆深仅1 cm左右,浅盆能充分展示山水盆景的全貌,尤其是平远式山水盆景,山峰虽不高但山的坡脚却很长,为使景物具有生活气息和真实感,常在盆面点缀小船、小桥、水榭、卧式水牛等配件,如是深盆,这些配件就难以露出水面。

②山水盆景的景盆颜色、材料的选择:制作山水盆景的石材大多数都呈深浅不同的灰、黑、黄、褐色,所以山水盆景用盆多为白色,偶尔也有淡蓝色、淡黄色或黑色(墨玉盆)。用什么色泽的盆钵,应依据景物所表现的主题思想和石材颜色而定,如表现北国严冬"千山鸟飞绝,万径人踪灭"的雪景最好用白色盆钵,如大理石盆或汉白玉盆;要表现夜景,如"枫桥夜泊",用墨玉盆最好。

3.几架

为了提高盆景的观赏价值,盆景多置于几架之上。几架不仅是陈设盆景的几架,它本身也是具有观赏价值的艺术品。一件盆景的优劣,所配几架的大小、高低、色泽、做工是否精细亦有很大关系。通过几架可以调节盆景的高度,给观赏者创造最佳欣赏角度,更好地展现盆景的艺术美。

盆景几架(图2.32)种类繁多,可根据材料及造型的不同分为不同的类型。

1)按材料分类

几架按制作材料来分,有木质几架、石质几架、金属几架、陶瓷几架、根艺几架等。

(1)木质几架　盆景用架以木质几架为多,尤以用红木、紫檀、楠木制作的做工精致的几架最为名贵。但这些几架价格昂贵,一般盆景爱好者的经济能力难以承受。目前市场流行仿古几架,价格适中,观赏效果较好。木质几架有桌上式、落地式和博古架3种。桌上式的几架较小,需放在桌案之上才能摆放盆景。该类几架有两搁架、四角架、书卷架等。桌上式几架宜矮不宜高,否则有头重脚轻之嫌。落地式几架较大,有方高架、圆高架、长条桌等。放置微型山水盆景的博古架多数由木材制成,博古架样式很多,有圆形、六角形、长方形、不规则形、花瓶形等。

(2)石质几架　用石材制成的几架笨重、坚固耐用,不怕风吹日晒雨淋,多为落地式几架。有中间细两端大的石鼓架,也有用石板制成的长条桌案架。

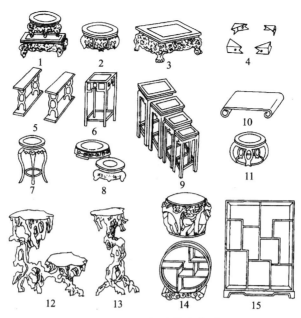

图2.32　几架形状及类型

1. 双叠几　2. 矮圆香几　3. 长方香几　4. 四阁几　5. 两阁几

6. 高方花几　7. 圆花几　8. 矮圆几　9. 套几　10. 书卷几

11. 圆香几　12. 高低树根几　13. 树根花几

14. 九狮墩、多宝架　15. 博古架

（3）金属几架　它是用铁、铜、铝合金等金属的板、棍等形状材料,依据立意构图,经过锯截、焊接、铆合、去锈、涂漆等加工而成。既可做2 m高的大型博古架,也可做几十厘米高的中小型博古架。

（4）釉陶几架　我国陶瓷工业发达,用陶瓷作几架历史悠久,样式很多,有放置桌上的小型几架,也有落地式的大型几架。其优点是:放置室外陈设山水盆景,不怕风吹、日晒、雨淋。

（5）树根几架　它是用已枯死的天然树根加工而成的。城镇集贸市场有时也有出售。树根几架古朴自然,形态奇特,富有天然情趣。树根几架也有落地式和桌上式之分。

（6）博古架　微型盆景因其体量较小,单独陈设和室内家具不协调,所以常把5件以上盆景放置博古架内陈设。博古架多用木材制成,也有金属制作的。

2）按造型分类

几架按造型可分为规则型和自然型两种。

（1）规则型几架

①桌:大型几座,如方桌、圆桌、供桌、餐桌、双拼圆桌、梅花形桌等。

②几:中小型几座,小型的桌类,如方几、圆几、鼓几、书卷几、高脚几、两搁几、四搁几。

③磴:以陶、瓷、石质制作的几座,有石磴、陶磴、瓷磴等。

④架:以布置小型、微型组合的几座称架,如博古架、什景架、多宝架等。通常有方形、三方形、圆形、半圆形、椭圆形、扇形、多边形等形式。

（2）自然型几架　采用天然树根、树兜、石材,经截锯、整形、雕刻、修饰而成。这种几架保持着原自然生动、曲折迷离、线条流畅、形体空透的形态,有着较高的陈设价值。

4.盆景配件

　　配件是指盆景制作中使用的陶塑、泥塑、石刻、砖雕,以及金属铸造的人物、鸟兽、亭台、桥塔、车船等配件点缀品。摆件的使用要注意和盆景主题相呼应。注意大小、比例、色彩、质感,造型要生动,制作要精细,形成诗情画意以表达盆景的意境。还应注意作为一种构图的尺度因素来体现小中见大的艺术手法,起到画龙点睛的作用,深化盆景的主题。

　　盆景配件(图2.33)种类繁多,可根据材料及造型的差异分为不同的类型。

图2.33　盆景的配件

1)根据材料分类

　　(1)陶、瓷质摆件　陶、瓷质摆件用陶土、瓷土烧制而成,有上釉和不上釉两类。陶、瓷质摆件不怕水,不变色,易与盆钵、石材调和,在盆景中应用较多,以广东石湾产的最为有名。

　　(2)石质摆件　石质摆件多用青田石等材料雕琢而成,有淡绿、灰黄等色。石质摆件由石材加工而成,极易与山景相协调,但较粗糙。

　　(3)金属摆件　金属摆件用易熔金属浇铸而成,外涂颜色,可成批生产,耐用。但金属摆件不易与景相配,多用于软质石料着苔的盆景。

　　(4)其他　其他材料摆件还有用木、象牙、砖、蜡等材料制成配件。这些摆件如果制作较好,配置得当,也可取得很好效果。

2)根据造型分类

　　(1)人物类摆件　牧童、老翁、渔翁、书生、樵夫、农夫等。

（2）鸟兽类摆件　仙鹤、小鸟、牛、羊、马等。

（3）建筑类摆件　方亭、圆亭、三角亭、四角亭、扇亭、水榭、厅堂、村舍、草屋、方塔、圆塔、曲桥、拱桥、帆船、竹筏等。

任务实施

本次任务单个学生即可完成，所以可以不分组，但学生间可以讨论。具体完成任务可以按以下3步进行：

（1）领受任务　教师分配任务，先让学生明白需要完成任务的内容，让其知道盆景常用景盆、几件、配件及工具。指导学生通过相关知识的学习可以完成以上任务。

（2）知识学习　学生明白任务后，学习知识点了解盆景常用景盆、几件、配件的应用及工具的用途。

（3）完成任务　学生通过知识点学习，回答任务中的提问。教师进行点评并记录各位同学的表现及完成任务情况，给出综合评价等级或分数。

任务考核

每位同学独立完成任务，形成纸质作业或电子作业，有条件的可以做成PPT，每位同学准备汇报；指导教师根据学生任务完成的有效性、任务完成的态度、责任感及汇报的情况等进行综合评分（表2.2）。

表2.2　盆景制作工具及用盆用架的识别任务考核表

学习目标	评价标准	评价得分
理论知识 （20分）	盆景制作中常见的景盆、几架、配件、工具	
专业技能 （30分）	能理解常用景盆、几架、配件、工具的应用	
任务完成 （30分）	纸质作业、PPT，任务问答的有效性	
学习态度 （20分）	完成任务的态度、责任感	
综合得分及评价：		

[作品鉴赏]

盆景作品《行云流水》鉴赏

《行云流水》是林洪鑫以五针松创作的树木盆景佳作。作品主干从盆中横向伸出盆外后即呈90°直角弯曲向下,跌至盆底沿后开始向左侧飘出。云片形成上下两部分:上部由4个云片组成,错落交互,显得轻盈灵动;下部的枝片则左右相叠,严谨工整。盆中配以顽石两块,压住根系,轻重相衡,配上黄色六角中深紫砂盆和树根几架,景、盆、架浑然一体。上部的枝片如天上的云彩,下部的枝片则似高山瀑布,故题名《行云流水》(图2.34)。

图2.34 林洪鑫作品《行云流水》

[技能实训]

对当地的河流和山地进行实地调查,了解当地主要产石材的类型及特点,以及当地有哪些石材代用品。

[思考讨论]

(1)思考盆景材料与盆景制作的相互关系。

(2)讨论盆景石材如何选用。

(3)讨论盆景几架、配件对于盆景的作用。

(4)讨论盆景工具的类型及使用。

项目 3 树木盆景的制作

[学习目标]

知识目标：

(1) 了解树木盆景的基本形态并掌握其造型要求；

(2) 掌握树木盆景蟠扎、修剪技艺；

(3) 掌握树木盆景根、干、枝的造型技法；

(4) 熟悉树木盆景的配植手法。

能力目标：

(1) 学会运用蟠扎、修剪技艺进行树木盆景的造型；

(2) 学会制作树木盆景。

[项目分析]

树木盆景又称树桩盆景，将树木进行蟠扎、修剪、整形等艺术加工，作为盆景主体种植于盆内，展现自然林木景观。树木盆景的材料种类繁多，通常以乔木为主，灌木和藤蔓类植物次之。从观赏而言，又以观叶为主，观花、观果类植物次之。本项目是盆景作品创作的开始，为树木盆景的创作与操作技艺奠定基础。本项目的重点是树木盆景的造型、蟠扎、修剪；难点是树木盆景的蟠扎技巧。

任务1　树木盆景基本造型的识别

 任务提出

依据图3.1和图3.2所展示的树木盆景形态，指出它们的根与干分别属于什么形式，并谈谈它们的树枝的造型及整体协调的表现。

图 3.1 一桥飞架南北(雀梅)　　　　图 3.2 龙(福建茶)

 任务分析

本任务从树木盆景的根、干和枝 3 个方面重点介绍最常见树木盆景造型特点及其制作手法。树木盆景的造型千变万化,手法各有千秋,关键是因"材"而异,以各地风格不同而产生不同手法。先了解树木盆景根、干、枝的基本造型特点,再分析其艺术表现特点,这样逐步掌握树木盆景基本的艺术表现。

相关知识

树木盆景系选取株矮叶小的各种树木和花草植物,将其移栽或培育于盆盘中,通过整形、修剪、摘叶、摘心等操作过程,抑制其生长,并进行艺术造型加工,再现大自然中各种树木的优美姿态和神韵。

在树木盆景小小的盆盘中,你可以观赏到各种树木的千姿百态,它们中,秀丽者亭亭玉立,飘洒者如行云流水,直立者昂首穹天,雄威者如虎踞龙盘。有的神态豪放,有的浑朴庄重,有的飘然欲仙,有的气势如虹,真可谓美不胜收。经过作者的艺术加工,很多盆景作品不仅如诗如画、意境深远,而且神韵盈盈、活灵活现,体现了人物般的个性和一定的人生哲理。

1. 树根的形态及造型

1)连根式

微课

其造型特征为丛林式。树木的粗根裸露而相连,苍老的树根盘踞于盆面,浑然一体,使树姿稳如泰山。制作方法有两种:

①人为地将树木从幼树起便进行合栽,并使各株之间主要露根部分彼此搭接契合,结为一个整体。

②人为压条根连造型。人为压条根连造型,是用根部枝条压条,待压条萌生 3~5 个枝干,达到一定程度后,再进行放坯、扎片。但露根不提根,或稍提根,形似根连(图 3.3)。

此外,杜绝山采!以往有人喜欢从山野挖取天然的连根型树木素材培育造型。但是党的十八大提出建设生态文明,树立尊重自然、顺应自然、保护自然的生态文明理念。因此,不能再以牺牲生态环境为代价,去山野挖取树桩。

2) 提根式

提根式又名露根式、提踵式,以观赏根部为主。树木根部向上提起,侧根裸露在外,盘根错节,悬根露抓,古雅奇特。自然界的一些大树因年复一年受风雨冲击,根部似龙盘蛇走,虬结盘桓跃出地面。整个树姿因其根部显得苍老而气韵横生。这种类型盆景制作方法为:

①可用浅盆栽培,将根的基部触土,在盆内用油毡等物打围,围内放土,以后逐年降低围的高度,经几年培育去围。侧根则有条理地露出盆土。

②可采用深盆栽法。通过换盆逐渐提根(一次不可提得太多)。

③可采用埋土露根法,即将根的基部侧根部分露出土面,培土埋起"露根",使土面凸起,在适当时再扒开土露出根须(图3.4)。

图3.3　连根式

图3.4　提根式

为了使根盘达到更加美的观赏效果,可用竹签剔除根与根之间的泥土,使根进一步露出土面(图3.5)。也可用高压水流冲去凸根周围的泥土(图3.6)。签剔、水冲之后,有许多须根露于土外,必须剪掉土面以上的须根,使之更加美观。

图3.5　竹签剔除根土

图3.6　高压水流冲根部泥土

不宜直接露根的树木,也可将树桩基部长出的枝条压入盆土内,待生根后剪去压条成活的枝条,达到露根的目的。常见树种有金弹子、银杏、六月雪、紫薇、黄杨、椿树、榔榆、雀梅等。

3) 盘根式

从小苗开始,培养根部弯曲奇态,使根群上方形成盘绕的曲根,特具佳趣(图3.7)。其具体制作方法如下:

(1)人工蟠扎　将小苗的几条长根挽缠在根蔸处,盘好后盆栽培养,数年后逐渐露根,状似

图3.7　盘根式

龙蛇盘结,蟠曲成趣。而根的蟠扎弯曲,要求姿态自然屈曲,切忌规则、圆正。蟠扎时,可有意勒伤部分根皮,以增加露根部分的疤痕,使露根显得苍劲有力。

（2）石砾盘根　凡是耐瘠薄的树种,将其栽种混有半数以上石砾的土壤中,经3~4年的培养,根部均能长成弯弯曲曲之状,显得自然奇趣。露根后,交错盘结,自然耐赏。将小树栽在混满田螺壳的盆土中培养,螺壳内残存的有机物,吸引树根钻入壳内生长,经3~4年后,长成螺旋状弯曲的条条奇根。敲碎螺壳,露出屈根,具有独特的观赏效果。

2.树干的形态及造型

1）直干式

树干直立或略有弯曲,枝条分生横出,疏密有致,层次分明。此式能表现出雄伟挺拔、巍然屹立、古木参天的树姿神韵。

这种类型的制作重点应放在枝条的造型加工方面。首先,可按树形设计要求,用金属丝（或棕丝）将枝条蟠扎成横枝、垂枝或上伸枝、下伸枝,再通过枝叶的修剪,使之层次分明。此外,应注意摘叶、摘心等控制手法,以逐步完成造型程序。直干式又分单干式、双干式、多干式等。直干式的枝条排列形状,一般常集中在干的上端,树冠形成伞形、扁球形、钟形、团扇形,但也有形成叠式有层次的对称伞状或扇面形的。在用盆上多采用浅盆,底架亦不可过高,以反衬其树姿的挺拔雄健之势。如采用椭圆形浅盆,栽植位置可在盆中央稍后。长方或正方形浅盆,须偏于盆的稍左或偏右一方。双干式布局可在盆的一端,亦可在盆的中央,并排栽植或一前一后栽植均可,但不可两树高度、粗度相同。空旷的地方可配以山石。浅盆也增加了管理成本,尤其是在炎热的夏天,要经常浇水,保持盆土湿润。

我国岭南盆景的大树型和浙派盆景的风格形式多属此种（图3.8）。常用树种有松、柏、罗汉松、榆、杉、五针松、金钱松、六月雪等。

图3.8　直干式

2）斜干式

一般以盆面水平为0°,树干倾斜度在45°以上者即为斜干式。树干向一侧倾斜,一般略带弯曲,枝条平展于盆外,树姿舒展,疏影横斜,飘逸潇洒,颇具画意。整个造型显得险而稳固,生动传神,体现树势动、静变化平衡的艺术效果。一般桩景多采用此种形式（图3.9）。

多用一株单栽,也有一二株合栽。斜干造型比直干造型难度大。斜干的干身重心偏离干基,根部必须有与干身相反方向的强力拖根,起"四两拨千斤"的稳

图3.9　斜干式

定作用,使造型险中求稳。或根据根干的走向搭配枝托、飘枝、托枝,在视觉上起到挽回重心的作用。

在创作上,要求树干倾斜而又不卧倒。斜干式造型加工重点是掌握适度,首先,采用柔韧的幼树,直接用金属丝加以弯曲固定。对基部较粗的树木可适当斜栽后再整形。应注意的是:树干不要过分弯曲,否则不能充分体现斜干的基本姿态。树干的倾斜部分一般占全干长的1/2或2/3。无论树干怎样倾斜,树冠最后一定要挑头、摆正;枝叶与倾斜的树干要符合自然生长的趋势和规律。

用盆多选用长方形或椭圆形浅盆,将树栽植于盆的一侧,树干伸向盆的另一侧。空旷处如配以玲珑动物配件(如羊、牛、马之类),可增添情趣,提高欣赏水平。常用树种有五针松、罗汉松、榔榆、雀梅、黄杨、刺柏、贴梗海棠、梅花、六月雪、银杏等。

3) 曲干式

树干弯曲向上,犹如游龙(图3.10)。常见的形式取三曲式,形如"之"字。枝叶层次分明,树势分布有序。川派、徽派、扬派、苏派盆景常用此种形式。

制作曲干式树桩盆景,加工的重点是树干。因树干弯曲弧度较大,所以多选用2~3年的幼树进行加工制作,树的年龄越长,加工的难度就越大。曲干式造型的过程是:取幼树作素材,经构图后,首先对其进行修剪,然后植于盆钵一侧,待幼树成活后,再进行蟠扎造型。要求树干自根基部位至顶端作反复的蟠曲状。其侧枝是在弯曲的凸起部伸出,后枝与遮干枝在弯曲的过程中寻找适当的落位。

图3.10　曲干式

又因弯曲幅度较大,整形前最好先将幼树斜栽,并及早进行整形,以使其弯曲自然,减少加工难度。在进行弯曲时,还要掌握好各个段落的比例,以使其树势分布有序。经过1~2年的培育,定型后,拆除铁丝,即可观赏。常用树种有梅花、黄杨、真柏、紫薇、紫藤、罗汉松等。

4) 卧干式

图3.11　卧干式

树干倾斜度在45°以下者称为卧干式(图3.11)。树干横卧于盆面,如卧龙之势,树冠枝条则昂然向上,生机勃勃,树姿苍老古雅,有似风倒之木,富于野趣。配盆多用长方形盆,可配山石加以衬托,以求均衡美观。盆景树木常植于长方形盆钵的一端,树干卧于盆中,将近盆沿时翘起,树冠多变化。卧干式盆景又分为平卧式、仰卧式、半卧式3种。平卧式,树干平卧,梢端蟠扎不超过干身枝盘的高度;仰卧式,树干上部1/5斜立或直立,下部4/5平卧或稍微向上倾卧;半卧式,树干下半部平卧或上斜卧。

制作时,首先要对树干横卧或斜卧的一段进行必要的加工。一般是将苗木斜栽,然后用金属丝蟠扎躯干,使其倒卧。常用树种有六月雪、罗汉松、刺柏、水杉、梅花、贴梗海棠、垂丝海棠、金弹子等。

5）悬崖式

图 3.12　悬崖式

树干弯曲下垂于盆外,冠部下垂如瀑布、悬崖,模仿野外悬崖峭壁苍松探海之势,呈现顽强刚劲的性格（图3.12）。用盆多取高筒式,适于几案陈设,根据树冠悬垂程度不同而分为3种情况:

（1）小悬崖　冠顶悬垂程度不超过用盆高度的1/2者。

（2）中悬崖　冠顶不超过盆底部以下为中悬崖。

（3）大悬崖　冠顶在盆底以下为大悬崖。

为了使其造型奇特,取得整体美感,在制作时应注意以下几点:

①基部一般垂直,从中下部开始向一方倾斜,主干向下,而临近梢部又向上回旋,呈虬龙倒走之势,给人一种蓬勃的生机感。

②讲求提根。提根既可显其苍老树态,又可使盆景的动势有所缓解,造成视觉上的平衡。如只依靠根部造型,则无法满足盆景的平衡要求,因此可利用点石达到目的。

③用盆宜用中深盆,并宜摆放于高脚几架上,这样才能更显得桩景的飘逸。

悬崖式盆景常用的树种有五针松、铺地柏、黑松、圆柏、黄杨、雀梅、凌霄、葡萄、六月雪、榆等。

6）临水式

树干横出盆外,但不倒挂下垂,宛如临水之木伸向远方,故称临水式（图3.13）。临水式树木盆景的枝叶比较均匀自然。制作时,应注意选用主干出土不高即向一侧平展生长的树木素材,伸出的主干以有一定弯曲度为好。树根要提出盆土以上,树形才显得美观。盆钵最好选用较深的圆形或六角形,盆钵要有一定的高度,更能衬托出主干伸向远方的临水之感。如用浅盆,陈设时就置于较高的几架上。常用树种有五针松、黑松、榆、雀梅、九里香等。

7）一本多干式

一株树木超过3干者,称一本多干式（图3.14）。树干多呈奇数,以几根树干高低参差、粗细不等、前后错落、形态变化多样为好。一本多干式兼纳了古榕形的造型特点,树相峻峭、伟岸,具有主帅的风范。

图 3.13　临水式　　　　　　　　图 3.14　一本多干式

制作这类盆景,首先应对所选择的树木素材进行疏剪,然后栽于盆钵中,待树木成活后,再进行蟠扎造型。多选用圆形或椭圆形中等深度的盆钵。一本多干式虽由多干组成一个盆景,但其树冠除应高低错落外,还要使其呈不等边三角形分布,以有动感为好。一般选叶片较小的灌木类树种,如小叶女贞、小叶黄杨、九里香、檵木等。

8)枯干式

枯干式又称枯峰式,树干呈枯木状,树皮斑驳,多有孔洞,木质部裸露在外,尚有部分韧皮部上下相连,冠部发出青枝绿叶,枯木逢春、返老孩童而又不失古雅情趣(图3.15)。所用材料除了挖掘收集山野树桩,还可用人工雕、劈、琢、凿、磨、撕等技法来进行塑造。常用树种有荆条、圆柏、檵木、紫薇、雀梅、榆树、鹅耳枥等。日本常用人工造成枯干式。

图3.15 枯干式

9)游龙式

游龙式的主干呈"S"状弯曲,又称"之"字弯,为徽派传统造型(图3.16—图3.18)。弯曲跨度基部大,顶部小,顶部与基部几乎位于同一中心线上,分枝在每一个弯曲的凸面左右交互伸出,枝条基部略作弯曲,伸出枝下部长,上部短;细枝不作弯,只进行修剪;叶片集中分布于伸出枝的先端;总体左右对称严整,如蛟龙腾云、展翅欲飞,颇为雅致。常作对称式陈设和用于徽派梅花大型桩景。

图3.16 游龙梅制作(一)

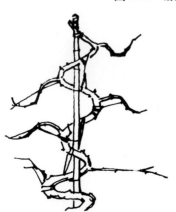

图3.17 游龙梅制作(二)

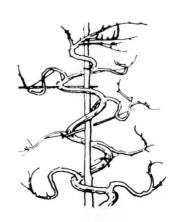

图3.18 游龙梅制作(三)

游龙式盆景整体形象犹如一游龙,有龙头、龙身、龙爪和龙尾,树干就是龙头和龙身。现以梅花为素材介绍龙头和龙身的培养。

(1)龙头的培养　清明前后,将梅幼树或老桩基部萌蘖枝进行压条繁殖。翌春剪离母体移栽。母树经折枝和修剪刺激,当年便在基部再次萌发强壮的萌蘖枝。在桩头上选其中最强壮者作为龙身,即梅桩主干,其余萌蘖枝仍如法压条,由于多次反复压条、修剪的缘故,母树基部就形成了膨大而奇特的桩头,谓之龙头。

(2)龙身的造型　将选好的梅干做左右S形弯曲,弯弯之间用棕丝缚扎连接固定。相邻两弯之间的宽度视龙身高度而定,一般为15～24 cm,下部稍宽,上部稍窄。弯得多少视梅干长短和需要而定。如需龙身更高,而梅干不够长,可在第一年做好的龙身顶部,选一饱满芽,并在芽上方短截,同时加强肥水管理,促使该芽长出较强延长枝,第二年将此枝继续作S形弯,以达所需高度。为使做成的龙身保持一定形状,可于弯曲平面中部直立一支柱入地,并将龙身上、中、下部用棕丝系于支柱上固定。

10)双干式

双干式有一盆双株和一本双干两种。一盆双株一般两株为同一树种,并栽在一盆内,两树合栽时,根部要靠拢。双干式要求两个干高低、粗细、俯仰、曲直等要有合适的比例,要有均衡变化,生动自然。一般情况,粗的较高,距中心点较近;小的一株距中心点较远。粗的一株作为构图中心,在位置上也要有明显的地位,应靠近画面的中心点。栽植时,两树忌与盆边平行,树的动态姿势也要朝向中心方向。内容上也要协调呼应,突出盆景主题,以体现友谊、手足之情(图3.19)。

11)三干式

三干式(图3.20)是一种见仁见智的造型形式。前人云:"二三干无名木。"原因是三干式比双干多出一干,在造型处理上相当复杂微妙。但在实际上三干式的处理灵活多变,相当随意。

图3.19　双干式

图3.20　三干式

三干式造型中,干的搭配离不开大、中、小,也就一主、一副、一从。其干势的分布组合可以是三直干,也可以是三斜干;可以是一直干,也可以是一直一倚一斜;三干干势可以完全相同,也可以完全不同。但不管三干间如何变化组合,三干间都必须争让得体、主次分明、结顶照应、根头紧凑。具体创作时须因材造型、因势利导,引发出独特的艺术效果才是成功的作品。

12）丛林式

一盆中有多株丛植，模仿山林风光，反映大自然的千姿百态（图3.21）。可配亭、台、楼、阁、小桥流水、草地湖泊、山石小品，做成"微型园林"的形式。其内容丰富多彩，意境各不相同。既有茂密高耸的大森林，也有别致幽静的风景林；既有针叶树林，也有阔叶林，还有针、阔混交林。丛林式所用树木，不分老幼皆可应用。

一般丛林式盆景选择长方形或椭圆形的浅口盆，或圆盆，使树木显得雄伟挺拔。在同一盆景作品中，最好选用同一树种，画面容易处理。如果采用几种树种，必须以一种为主体，在数量和体积上要占绝对优势，客体树种与之

图3.21 丛林式

呼应，树木的姿态也要一致。如直立者，宜都是直干式的树木，只能在正与斜、高与矮等方面做一些处理。树木株数通常以奇数为好。丛林式盆景通常采用分组布局，例如15株以上的一盆者，常分成3组。布局时注意主从关系，所植树木最忌高矮一致，平头齐脚，也不能等距离或排在一条直线上，要疏密相间，交错而立。构图以不等边三角形为主，避免呆板，没有生气。同时还要考虑刚柔、虚实等变化。常用树种有金钱松、六月雪、满天星、五针松、榆树、朴树、桧柏、榉、红枫等。如一盆中采用两种以上的树种丛林式，即称合栽式。

13）象形式

象形式利用树干和整个树体形态进行动物等形象造型，给人一种亲切易懂的感觉。选天然有形态的老桩，适当施于人工修补，做到似与非似、像与非像之间，增添趣味，引人遐想（图3.22）。象形式常用的树种有榕树、金弹子、黄杨等。

14）风吹式

风吹式盆景（图3.23）是表现树木在狂风中呈现的一种特殊的姿态，是静中有动、无声胜有声的一种形式，是众多造型中动感最强的一种。风吹式树木主干一般有3种表现形态：

图3.22 象形式

图3.23 风吹式

(1)逆风式　要求树干逆风而立,枝叶逆转顺风而去。表现的形式是枝条被强风扭向一边,而树干却顶风抗击,充满对抗、搏击之意。

(2)直立式　风从一侧吹来,树干直立栽于来风一侧,枝顺风而去。表现的力度与对抗性不如逆风式强。

(3)顺风式　树干顺风生长,干、枝、叶倾向一边,方向一致。如常见长在风口、海边之树,由于长时间为定向风吹袭,树姿流动酣畅,有浮萍顺水、随波逐流之意。

15)垂枝式

利用某些树种或品种枝条下垂的生长习性稍微加工而成,如垂柳姿态(图3.24)。垂枝式树干直立,也可略有倾斜或弯曲。第一、二级枝条要上扬,第三级枝条再下垂,这种造型美观。如果第二级枝条就下垂,树形显得软弱无力,没有生气。下垂枝条要长短不一,错落有致。微风吹拂,婆娑起舞,婀娜多姿,惹人喜爱。常用树种有迎春、怪柳、垂枝梅、垂枝碧桃、龙爪槐、枸杞、金雀等。

16)枯梢式

枯梢式(图3.25)是树木遭雷击、虫蚀,顶梢焦枯,而树躯生长茂盛,古朴而有野趣。制作该式盆景,可用1株、2株甚至3株树木。可以是直干型,也可略有弯曲或倾斜。制作时剥除主梢或明显的侧枝皮层,并对木质部作适当加工,可用硫磺染成枯白梢枝,增加观赏效果。枯梢式盆景的缺点是树梢处理后树身不再长高,改向横向生长,比例会逐渐失调,所以改用上部某一粗侧枝做枯梢较为适宜。此式与枯干式都是枯荣并存的表现形式。在一株树木上,"枯"与"荣"呈强烈对比,它象征着生与死的斗争,具有深奥的哲理,发人深省,提高了盆景的观赏价值。

图3.24　垂枝式　　　　　　　　　　图3.25　枯梢式

17)文人木式

主干弯曲修长,或高耸斜立,下部不留枝条,上部也仅仅寥寥几干,简洁明快,而那大跌枝、飘垂枝,让人感觉潇洒自然、飘逸欲仙(图3.26)。这种形式模仿古代的文人画,讲究自然,返璞归真,简明脱俗。干形高耸清瘦,曲折有变,通常用盆径较小的浅盆栽植,让其根爪裸露,显得神韵飞扬,别具风格。

3.树枝的形态及造型

1)枝法的定义

枝法是运用枝托造型的章法,也是岭南盆景的精髓。它研究枝托的形状、枝托的部位,以及枝与枝之间的相互关系等。它以枝条的延伸状态去造成相互呼应和顾盼及各种神韵,以枝条的长短作争、让、抑、扬,来创造姿态的美感。

枝法除研究用什么方法去造就一条形态美好的枝条外,也研究某一件作品应该选用什么枝形,在哪个部位应该配上怎样的枝形与枝态。

2)枝法的运用和处理

(1)枝托构成布局　枝托的距离和枝托的大小,即枝托的疏密聚散,关系到树胚的造型布局问题。它根据树胚的形态去分布枝托,同时又可以用枝托去改善树胚不足的地方,即扬树胚之长,避树胚之短。确定枝托的部位是造型布局的关键,一般是根据树干的曲弯而定。盆景的造型要求以树干有曲弯的为美。在曲弯的部位有阴阳之分,曲弯向外的一面称为阳面,在这一部位配上枝托,会使曲弯的美

微课

图3.26　文人木式

更突出,使树势更为完美。在内弯的部位称为阴面,里面不宜配上枝托,在这一部位生长的枝条称为腋枝,填塞了曲弯的凹位,减弱了树干弯曲的美感,使人觉得臃肿,所以凡是腋枝都要剪除。

(2)枝托表现神韵　作品的神韵是用枝托来表达的,争让、呼应和顾盼是以枝托的长短、疏密及枝条的伸延方向来表达。

①争与让:争与让就是使枝条有长有短,有疏有密。长的曲节伸张流畅自如,表达感情潇洒奔放,是为争;短的是为了把长的衬托得更美,或是留有空间舒气,是为让。通过争让构成疏密聚散的气氛。密的可以增加气氛,让情调更浓厚;疏是过渡的空间,是密的对比。在构图空间中,有疏有密,有争有让,有抑有扬,画面更为自然与活泼。

②呼与应:呼与应是指整体树势能够贯通,在视野上能一气呵成。枝托与枝托之间达到相互协调,构图中或飘逸潇洒,或豪放险峻,都能得到有重心的感觉。视线集中,结构合理,整个画面就得到和谐。

③顾与盼:顾与盼着重表现主树与宾树之间的相互关系。在双干、三干或多干林的构图中,多使用这一手法。顾与盼的传神实质上是表现在树尾(或树冠)或枝尾的"相向"的伸延和曲折的状态上。顾为主,盼为宾。主树的姿态(相向)要有俯顾之情(主树一般较高),宾树的顶枝要有相向仰盼之意,枝托与枝托之间的神态也是一样,相互追逐,有争有让,各有其态。

(3)枝托的大小比例和起托的位置　枝托的大与小,长与短,枝托与树干等的比例,都有一定的章法。在一般情况下,苍劲雄浑的大树型的枝托与树干的比例要粗壮一些,间接的长度要短一些(如鸡爪枝),这样的枝条会显得苍劲雄浑,配大树型较为适合。对飘逸潇洒树型的枝托要俏妙一些,间接的长度要长一些(如鹿角枝),用这样的枝条配潇洒的树则更为洒脱。

枝托的大小在树干上的排列,一般是下托比上托大一点,这样会比较自然,上下大小参差不齐,会觉得杂乱无章,或过于规律,显得呆板。枝托本身的大小比例一般是枝条一节比一节小,每一节的长度是一节比一节长,这样的枝条有既苍劲又流畅的感觉。起托的位置(树干上最下一托的位置)高低对作品的形态有很大的影响,一般根据作品构图设计需要来决定。起托部位过低,会使作品形成压抑感,部位过高会造成头重脚轻。

(4)枝条的枝脉和曲节　枝条有曲节才能使盆景显得苍劲优美。怎样的曲节才能使枝条

达到既苍劲又顺延流畅而有气势,这就决定枝条的"枝脉"曲节角度问题。

①枝脉:枝脉是枝条的脉络,它有主脉、次脉和横角之分(图3.27)。能够使枝条的组织分清主脉、次脉和横角,是处理枝条的重要章法。主脉是与树干的气势连成一体,一气呵成的。它一节一节地缩小,伸延方向左右上下地多变回旋。曲节夹角大的显示苍劲,小则表现流畅文雅,有流畅感就有气势。次脉(比主脉小)是顺着主脉的气势而生的枝。它的姿态或苍劲,或流畅,仍然是由曲节的角度大小表现出来的,所造成的曲节除能够增加枝条的美感外,并且起着调整该组枝条所占的立体空间的疏密、聚散的作用。横角是附着次脉而生的小枝,比次脉小。它生长着叶片,具有增加枝条浓密感的作用。数量多少,可根据景树的造型要求而定。以上的3个关系处理得好,就能使枝条的曲节回旋流畅,跌宕而有气势。

②曲节方向和角度:曲节的方向主要是根据景树的造型要求而决定。方向要求有变化、有跌宕,切忌出现死曲枝和蛇曲枝。死曲是指树干或枝条的曲呈直角。这样的曲节非常难看,很不美观,不论在树干或枝条上,可以消除的都应消除,不可能消除的可在死曲凸出的部位培养一枝条,可以稍微消除死曲的影响。蛇曲是指左右平行而没有方向变化的曲节(包括树干及枝条)。凡是平行的曲节到两弯以上,再无方向变化就称为蛇曲,在岭南盆景的枝法里是最为避忌的。通常枝条的曲节要向上下左右各方面延伸,才有曲节的美感。

3)枝法类型

(1)脱衣换锦法   脱衣换锦法是岭南盆景的主要创作枝法之一,也是其"近树造型"风格的具体表现,即作品在展出前,把盆树的叶子全部摘光(称为脱衣),让其中所有的艺术内容都一览无余地展现在观众面前,让人们能尽情欣赏、品评作品的美态。脱衣换锦法是以枝条为主要内容去处理画面,要求枝条的大小、长短与整体的构图布局形成合理的比例。

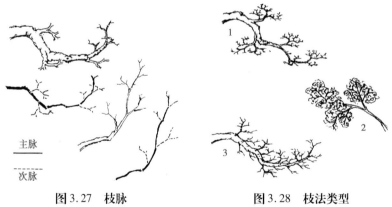

图3.27   枝脉   图3.28   枝法类型
1.脱衣换锦 2.虚枝实叶 3.丛枝

(2)虚枝实叶法   虚枝实叶法是以叶片为主要内容表现整个画面,对枝条大小比例的效果不甚讲究。

(3)丛枝法   丛枝法能省功省时。它不讲究枝脉和层次,次脉(侧枝)的大小比例不追求合理,疏密排列无度,有一枝留一枝,所以称为丛枝法。这种枝法不及脱衣换锦法的枝形干净利索,它的枝条脉络不明,缺乏节奏感,所以在带叶时会造成层次不明,相互交缠。此法多见于商品树栽培(图3.28)。

4)枝的类型和形态

树木盆景的枝条是架设在主干基础上的骨架,它决定了整个树木盆景的基本形态。一件完

整的树木盆景作品的审美感受,取决于整体的骨
架布局倾向,而这些基本骨架布局都是由枝条组
合而成的。岭南派把枝的类型分为鹿角枝、鸡爪
枝、回旋枝、自然枝;优良枝形态有飘枝、平行枝
(平展枝)、跌枝、垂枝、对门枝、风车枝、风吹枝、
回头枝、后托(射枝)、顶心枝、点、补枝。不良枝
形态有死曲枝、脊枝(背上徒长枝)、腋枝、贴身枝
和大肚枝。

图3.29　鹿角枝

(1)枝的类型

①鹿角枝:鹿角枝的特征是主脉比较瘦长,
节与节之间的大小相差不大,与树干形成的夹角
较小。主脉与次脉相交的夹角也小。方向多呈向上,气脉流畅,呈鹿角形,故称鹿角枝。鹿角枝
的枝形柔雅,气脉轻盈流畅,潇洒自然,适宜搭配高耸型或画意型等所谓画意树(图3.29)。

②鸡爪枝:鸡爪枝的特征是,枝条较粗壮,通常第一段不出次脉,到第二段后才出次脉,同样
次脉也在第二段后才出横角,横角可以带叶,也可以再生分枝。生成叶丛,有起有伏,有疏有密,
脱叶之后可以看到枝形刚劲虬曲,呈鸡爪形,故名鸡爪枝。它适宜与苍劲雄浑的树型配合,如自
然大树式、悬崖式等(图3.30)。

图3.30　鸡爪枝　　　　　　　　　　　　　　图3.31　回旋枝

③回旋枝:回旋枝的特征是枝条柔顺,回旋流畅,节曲地向外扩散,伸延到有足够的空间,才
生出次脉。次脉略为缩小后,再向外伸展,造成扩大树冠覆盖面积的效果,以后在次脉的末端生
出横角,蓄成叶序,是一头多干的树型的枝法,能得到繁而不乱,气势雄浑的树势(图3.31)。

④自然枝:自然枝指不带过多的修饰而较自由生长的枝条。因此它的每一枝杈大都是互生
枝,呈"一左一右"旋转而上,组合为一大整体。其状可谓不繁不乱,井井有条;枝条整洁清秀,
自然流畅,显示其青春之活力(图3.32)。

(2)优良枝形态

①飘枝:枝形苍劲飘逸,常见于飘逸的斜树或自然大树的一边,能增强树势的
飘逸动感。它的形状是平行中而稍向下飘,主脉回旋跌宕,曲折流畅(图3.33)。

微课

图3.32　自然枝　　　　　　　　　　　图3.33　飘枝

②跌枝:主枝向下斜跌,小枝却向上张扬,上下力的导向抗争,形成了"形"虽垂而"势"不跌的骨架,能增强树势的险峻感和动感,主脉向下曲折跌宕,节奏流畅、分明(图3.34)。

③平展枝:简练而横展,平淡中求变化,小枝点点如微波,大枝曲展如游龙,以密集的点与概括的线构成了既宁静又飘逸的形象(图3.35)。常见于直树型和松树型的树顶之中。

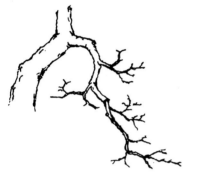

图3.34　跌枝　　　　　　　　　　　图3.35　平展枝

④垂枝:枝条细长下垂,整洁如梳,柔软温顺,如静坐淑女,妩媚动人。主要是通过大枝的向上潜力,与小枝从上而下的纵线,错落纷披,形成其自然、柔静下垂之特点(图3.36)。

⑤对门枝:这种枝形主要是在树干上对称生长。在处理对门枝的两边枝条的大小和长度时,要注意不要让枝条过于相等,要有长有短、有争有让,形态有别。在有对生枝的树种采用此种枝形可突出作品的艺术个性(图3.37)。

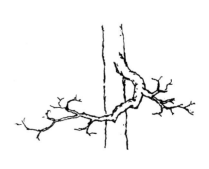

图3.36　垂枝　　　　　　图3.37　对门枝　　　　　　图3.38　风车枝

⑥风车枝:通常为了避免枝托对树干的遮掩,枝托的部位大多靠着两侧生长,这样前后的部位会觉得空虚,缺乏立体感,可以用风车枝去解决这种虚与实的矛盾。即用垂枝的主脉或次脉扭曲向树干方向伸延,在虚的部位起着点缀作用,克服前后空虚的缺点,增强立体感(图3.38)。

⑦风吹枝:风吹枝是风吹树型的一种特殊枝法。它的特征是枝条的初段曲成弧形(风吹动之状),枝条弯曲之后,全株树的枝条都向着同一方向伸延飘拂,劲直,形成有被狂风吹舞的动感(图3.39)。

⑧回头枝:这种枝形多见于大托枝的第一二段,此处常有空档缺陷,可用回头枝填补这一空白位置。要求枝条弯曲苍劲,效果才好(图3.40)。

图3.39 风吹枝

⑨后托(射枝):每一株树的造型,都要有前托和后托,才有立体感。而后面的枝托总被树干遮住,难得观赏,只有让后托的枝条向左或向右放射斜生,才可看得见,这就叫射枝(图3.41)。

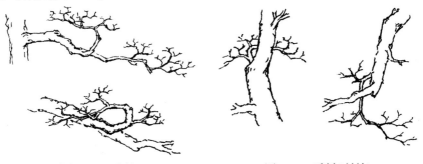

图3.40 回头枝　　　　　　图3.41 后托(射枝)

⑩顶心枝:这种枝形的部位是长在树干的正前面,枝梢冲着人们的面前延伸,给人一种"刺眼刺鼻"的感受,所以称为顶心枝。有时由于枝托部位的疏密搭配关系,可利用此枝,增加立体感。处理时枝条的第一段要短一些,从第二段起将它带歪,有节奏地曲折,或上下,或左右伸延,成为一条能够从侧视去观赏的枝条。该枝不可过大,只要曲折形态优美就好(图3.42)。

⑪点:点不是枝托,它是由于造型布局的关系,在某一部位不大的空间以点的枝法起到点缀作用。枝条的形状无须讲究,但不可过大(图3.43)。

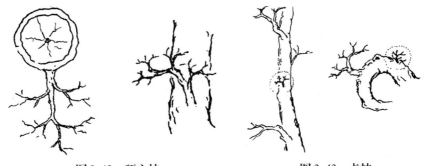

图3.42 顶心枝　　　　　　图3.43 点枝

⑫补枝:为了使枝干比例顺序合理,常用补枝去处理不合比例的缺陷,从而达到节省工时的目的(图3.44)。

(3)不良枝形态　许多枝条着生的位置不当或形态不佳,对整体盆景的造型不利,称为不良枝。

①死曲枝:枝形弯曲角度大成了直角,俗称死曲枝(图3.45)。这种枝极不自然和美观,应予以剪除。或可在曲顶上长上一枝条,可以稍微改观加以利用。

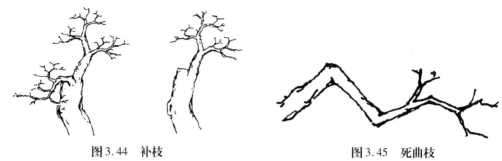

图3.44　补枝　　　　　　　　　　　　图3.45　死曲枝

②脊枝:又称背上枝,在平行枝上长着的枝条,若任其自由生长,可能会长成直角或过于粗壮,破坏盆树的造型美。一般造型中不需要背上枝,如确实需要时,可改造为点缀枝或将背上枝压弯,改变其直立向上的长势,控制其生长(图3.46)。

③腋枝:腋枝长在枝干的凹位,即枝干的"腋窝"所以叫腋枝。如不加以控制生长,会遮住主干自然弯曲的美姿,应予以剪除(图3.47)。

④贴身枝:贴身枝贴着树横生,直接影响树干的视觉美,应予以切除(图3.48)。

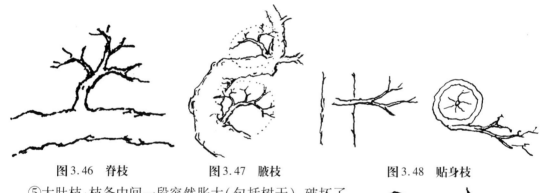

图3.46　脊枝　　　　　图3.47　腋枝　　　　　图3.48　贴身枝

⑤大肚枝:枝条中间一段突然胀大(包括树干),破坏了曲节流畅之感,最好予以剪除(图3.49)。

5)嫁接枝的利用

对那些造型有缺陷,而采用一般手段又无法达到造型目的的,或者一些具有欣赏价值的,而直接入盆又难以成活,可通过嫁接技术,弥补树木造型和种植上的缺点,以补充树木整体视觉形象,完善和改良盆景树木品种,提高造型的审美价值。

图3.49　大肚枝

如从野外采掘的树桩,有的虽有比较古老的树兜,但树冠的形态却很不完整。也有的一些树桩盆景在养护、观赏过程中遭到意外损折,一些在构图上至关重要的枝条被毁坏,树桩形象产生了很大缺陷。在这些情况下,都可以用靠接、芽接等方法给树桩弥补造型需要的枝条,以达到树桩盆景的完整性。

(1)靠接　靠接不需要将枝从母体上剪下再接到砧木上,而是将砧木栽到盆里,然后移靠到母株旁边进行嫁接。先将砧木用芽接刀在要嫁接的部位削去一层,深度达木质部约1/3,长度约为枝条直径的 4 倍,再从母株上选一枝与砧木嫁接部位粗细相同的枝条作接穗,削去相同的一层切口,使砧木和接穗的切口部位粗细贴合紧密,然后用麻皮或塑料薄膜条绑紧,适当剪去一些叶片,减少水分蒸发,以利生长。成活后将接穗从结合部以下剪去,而砧木则从结合部以上剪去。愈伤后一棵新的独立植株就形成了。

由于这种方法的砧木和接穗各自有根,成活率很高,所以它是树木嫁接中最保险的一种方法。因此,这种方法最适合用来嫁接那些树种珍贵,而用其他嫁接方法又不易成活的树木种类。对于像紫薇等伤口易愈合的树种,只要将它们的枝干紧搭在一起,不需要削皮靠接,也能长成一体。

对一些枝条较柔软、易弯曲的树木种类,可采用树木母体自身的枝条做接穗,接在树木自身的母体上,以弥补树木造型上的缺枝现象,自供自足地完善自我。接活后,将作为接穗枝接合处下部剪去即可。

(2)芽接 芽接是利用树木的芽作接穗进行嫁接繁殖的一种方法,以夏季最适宜,一般成活率可达 90% 以上。选取 1~2 年生枝条中段充实饱满的芽作接穗,枝条上端的嫩芽和下端的隐芽均不宜采用。芽片大小要适宜,芽片过小,与砧木的接触面小,接后难成活;芽片过大,插入砧木切口时容易损伤,造成接触不良,成活率低。削取芽片时应带少量木质部,接芽一般削成盾形,盾形接芽长 1.5~2 cm。嫁接时,先处理砧木,然后削接芽,接芽随采随接,以免接芽失水影响成活。采用 T 字形芽接,先在砧木离地面 5~10 cm 处切 T 形口,深达木质部,再用刀尖小心剥开砧木树皮,将盾形带叶柄的接芽快速嵌入,用宽 1 cm 的塑料带绑紧,露出芽和叶柄,包扎宽度以超过切口上下 1~1.5 cm 为宜。10~15 d 后检查成活情况。如芽片新鲜呈浅绿色,叶柄一触即落,说明已经成活,否则没有成活,应在砧木背面重接。芽接是改善树冠形态和增加枝条的常用方法。

4.树木盆景造型协调原则

一件盆景的优劣,是由诸多因素决定的。树木盆景有的是单株成景,有的是两株、三株甚至十余株组合成景;有的是单一树种,有的是多种树木制作成一件盆景。因此,树木之间相互协调,枝、干、叶之间的协调,都是非常重要的。

1)统一

盆景景物的关系、形态、状况是多种多样的,它们相互对立,又相互依存;既有个性,又有共性,表现出多样化的统一。多样化的统一是在变化中求统一,在统一中求变化。变化的目的,就是求得丰富的多样性,而多样性则是以统一完整的形式表现出来的。

在树木盆景中,树木在配植时应该按照统一的原则,要求树与树之间或树的各部分的轮廓特征,以及树的部分与整体之间都应有一定的相似性。如在大多数情况下,一件盆景宜用一种树木来制作;主树枝片成伞状枝片,客树枝片也要成伞状,而不能是又平又薄的“云片”状;不能在同一树上一些枝片成伞状,而另一些枝片却为“云片”状。最好是树种统一,风格统一;或树种不统一,但风格统一。景物轮廓的统一,是使多种景物以牢固的结合状态,有机地结合成统一整体的一种必要保证。

2)比例

比例是指景物的整体与部分之间、部分与部分之间对称协调的关系。合乎比例,就体现出匀称的特点。比例失调,则产生畸形,无美可言。故树木在配植时必须符合一定的比例,树桩盆景的配植要考虑树与盆、树与树的比例关系。一般情况下,树大盆小会显得头重脚轻,很不稳定;反之则树木显得过分矮小无力。因此,保持树与盆的正常比例是十分重要的。树桩盆景可以把盆口直径或盆的长度用作基准,而与树桩的枝展宽度和树的高度保持正常比例。它的变动范围是,盆径:枝展:树高 =1:0.8:4.0~1:4.0:0.9。

树桩盆景中,还要注意主树与客树之间的比例关系。主树与客树最适宜的体量比是1:(0.5~1:0.75)。高度比、枝展宽度比也适合这种比例值。除此以外,还要注意树与山、树与人、树与动物之间的比例关系,才能配植出匀称和谐的盆景景物。

3)均衡

均衡有两种情况:

(1)对称的均衡　均衡中心在两种力量之间距离的正中,以中心为准,两种力量相互对称。

(2)不对称的均衡　均衡中心不在正中而偏于较重的一方,两种力量并不以均衡中心为准而相互对称。

对称与不对称的形式在一定条件下都可以达到某种均衡状态,这是一条重要的规律。

决定均衡的因素是重力和方向性。重力是景物的体量和景象结构中的地位所给予人的重量感和力度感。方向性是指景物体在垂直和水平方向上的距离。在规则型树桩盆景的对称均衡中,对称的两方在重力与距离两种因素上都是相等的,而在自然型树桩盆景中,只能采取不对称均衡的方式。盆景造型中求得均衡的方法主要是调整景物相对体量和调整距离远近。对于因动势要求而倾斜、偏重布置的景物,还常常以盆的体量或在盆中的位置来调整重力分布,以求取均衡。例如,悬崖式的树桩盆景为了取得均衡用了深盆,依靠盆的重力而与树保持均衡;如果换用浅盆,则不能稳住盆树的重心,也就不均衡了。斜干式盆景采取的是向右倾斜而植于盆左位置的方法,使盆右的空间因盆树强烈的方向性而被充满,所以盆的左右二方得以重力相等,达到均衡。如果盆树向右倾斜而又植于盆右,则使重心外落盆外,整个构图就不可能均衡。

4)呼应

呼应作为一种艺术手法,是通过景物之间的相似处理、相互顾盼趋向等方法加强景物的联系,也是在树木配植时应注意的重要问题。

在同一盆景中,如果有多株植物,应选择相同或相近的树种,使树木之间由相似而建立起一种联系,并使客树、陪衬树与主树之间相互顾盼。相互顾盼主要是从景物的姿态、倾向、奔趋特点中产生。常见的呼应现象有主树俯就客树与陪衬树,或客树、陪衬树向着主树奔趋、倾向。

若是在配植树石盆景,则要注意主山配植一种植物,在客山上配植另一种植物时应在主山点缀一二株与客山上同种的植物以作呼应,才能避免主、客山的隔离现象。

5)对比

对比是把艺术形象的形、质、色势等对立地表现出来的艺术手法。对比手法的应用,使盆景景象中的主要表现因素更为鲜明突出,在强调这些因素的视觉方面起着十分重要的作用。在对立的景物中,当高差较大的时候,矮小的景物能够将高大的景物衬比得更加高大。

在树木配植的时候,特别应注意各部分之间的对比关系。例如,在双干式盆景中,两干粗细对比、高低对比适宜在3:2左右的黄金比律为好,主从对比要求主立从依、主高从矮、主粗从细;在树石盆景中可以用较小的树和配件来衬托山石的高大;在以静势为主的盆景中,适当地造成一些动势,通过动静对比,使得景物显得更静,"蝉噪林愈静,鸟鸣山更幽",正是通过动的因素

在对比中突出静景;还可通过色彩的对比来突出景物的季节变化,或空间的距离远近等。对比的应用可以使景物更生动,更富于变化,更有真实性。

6)夸张

在作品所表现对象的某个方面进行相当明显的夸大处理,使其更加突出,鲜明地显示其内在的意义。夸张的手法可以在平淡中创造奇巧,使盆景景象独具一格,给人留下深刻印象。

在配植树木时,主要注意比例、形体、态势的夸张。如盆景中树与山的比例、小配件与周围景物的比例也都可采取一些夸张的手法。有时为表现树木的动势,可用干、枝采取一定强度的横斜、弯折态势,夸张它的力度感与运动感。

7)藏露

"神龙见首不见尾。"在画面中,可见到的部分为露。见不到的部分(但实际存在或想象中存在)为藏。一幅画,如果一览无余,纤毫毕露,就不会使景致深邃,就不会给人许多联想,也就是不耐看。若要使一件作品耐看,就要善于采用藏的手法,这就是含蓄。

树木盆景在配植中也要注意有露有藏,时而枝藏于叶后,时而叶藏于枝后,才能显示其茂盛之态。抱石式盆景,有时根藏于石中,有时石藏于根后,回回曲曲,若隐若现,变化莫测。在制作丛林式盆景时,有的树木露,有的树木则"犹抱琵琶半遮面",使人感到林子之大,林子之密。当然在创作盆景时,宜露则露,宜藏则藏,应根据主题与意境的需要来决定。

8)穿插

景物的各部分相互交错伸入,而使其体系内的结合更为紧密、更为自然的一种艺术手法,就是穿插。穿插的主要作用就是加强景物之间的和谐联系,增强景象的层次感和深度感,使盆景结合得更自然,更有内在意义。

树与树之间以树枝进行穿插、争让结合,既变化又统一,使树与树的关系更融洽、更紧密。树与石配合的时候也可穿插,树干的凸弯对着山石的凹处,山石的凸出部分面临树干、树冠的凹陷处,树石的这种穿插,是保证景物有机结合与融洽自然的重要手段。

9)聚散

聚散规律又称为不等边三角形法则。它是以不等边三角形为核心来解决景物位置关系,从而使景物的布置具有自然的聚散状态的一种构图规律。按照聚散规律布置的景物,有聚有散,如同自然生成,能更好地发挥盆景"以小见大"的效果。

特别是丛林式盆景进行植物配植时,尤其应遵守聚散的原则,以免出现树与树之间等距离排列或组成等边三角形,过于整齐而缺乏活力,显得呆板。一般树丛在配植时三三两两形成不等边三角形,看起来疏密相间,错落有致,更像是自然生成。

10)节奏

我们在自然的形象或造型艺术中,看到连续起伏的、重复出现的线、面、形、色彩、质感等采取某种有规律的统一的组织形式,就感到有一种匀称的、和谐的秩序,这就是韵律。

节奏是韵律的主要表现形式,是较复杂的重复。节奏的重复不同于简单的重复,它是两种以上成分的连续交替的重复。如树枝在空间的分布出现"疏、密、疏、密……"的交替排列秩序,这就是节奏。树木在丛林中的分布出现"聚、散、聚、散……"的变化排列也是节奏。也可将树木的高低出现节奏性变化,都能体现出一定的韵律感。

盆景的节奏赋予盆景景象以鲜明生动、优美和谐的形式。在创作盆景时加强节奏表现,有助于提高作品的艺术性。但是,在自然型树木盆景中,重复的次数不宜太多,而且要使重复尽可能地采取有变化的方式,否则,节奏对盆景艺术性的作用就会适得其反。

任务实施

本次任务单个学生即可完成,所以可以不分组,但学生间可以讨论。具体完成任务可以按以下3步进行:

(1)领受任务　教师分配任务,先让学生明白需要完成任务的内容。教师指导学生学习树木盆景根、枝的造型特点,让其知道通过相关知识的学习可以完成以上任务。

(2)知识学习　学生明白任务后,通过观摩指导教师的操作演示,及时与学习相关知识结合,熟悉树木盆景的根、枝造型及其表现。

(3)完成任务　学生通过知识点学习回答任务中的提问。教师进行点评并记录各位同学的表现及完成任务情况给出综合评价等级或分数。

任务考核

每位同学独立完成任务,形成纸质作业或电子作业,有条件的可以做成PPT,每位同学准备汇报;指导教师根据学生任务完成的有效性、任务完成的态度、责任感及汇报的情况等进行综合评分(表3.1)。

表3.1　树木盆景的基本形态及造型要求任务考核表

学习目标	评价标准	评价得分
理论知识 (20分)	树木盆景的根、干、枝的造型的基本形态; 树木盆景整体协调的原则	
专业技能 (30分)	能理解树木盆景的根、干、枝的基本形态; 能针对具体树木盆景,分析其整体协调的原则	
任务完成 (30分)	纸质作业、PPT,任务问答的有效性	
学习态度 (20分)	完成任务的态度、责任感	
综合得分及评价:		

任务2 树木盆景的制作技艺

任务提出

依据当地的条件,选择合适的树桩或树枝代用品,选择一个盆景流派的造型,完成创作一件树木盆景作品。指导教师准备一定量的植物材料、金属丝、棕绳、配件、盆器、喷雾器等盆景器材。

任务分析

本任务结合树木盆景制作步骤重点介绍其中的蟠扎、修剪及上盆技艺。再好的树桩或苗木,也难以完全满足盆景的造型要求。盆景造型过程就是改变盆内植物生长的形态,对植株进行艺术加工的过程。树木盆景造型常用蟠扎和修剪技法,而树木盆景的制作技艺包括一扎、二剪、三雕、四提、五上盆,即蟠扎技艺、修剪技艺、雕干技艺、提根技艺和上盆技艺。先掌握树木盆景的制作程序,然后逐项训练蟠扎、修剪等造型技艺,这样逐步掌握树木盆景的制作技巧。

相关知识

微课　　　微课

1.树木盆景制作的程序

1)树木培养

树木培养是将树木培养成符合盆景制作要求的大桩,并进行艺术造型,可以从幼苗繁育开始,然后对苗木进行培养。此外,以往有人从野外挖回的老龄树桩,然后对树桩进行养坯、造型。树桩养胚,杜绝山采。"绿水青山就是金山银山",党的十八大报告提出"建设美丽中国",盆景艺术应该为"美丽中国"服务,而不是对其进行损害!

树木培养不仅包括嫁接、施肥、浇水、病虫防治、树体矮化,促进花芽分化、保花、保果等栽培技术,还包括树干扭曲处理、修剪枝叶、树木蟠扎、雕干、提根等造型技术。树木培养是盆景制作的基础,关系到盆制作的成败。通过对树桩的头、根、干、枝的全面鉴定,挑选适合制作意图的树形,然后重点选用有造型前途和可塑性的素材。

2)造景设计

造景设计是对盆景进行艺术造型的整体设计,包括树木造型、其他植物配植、山石配置、摆件配置、盆钵选择等。要通过对不同树木的形态进行细致的观察,以及盆景观赏的要求,进行艺术性的设计。根据立意,构思具体的造型,设计根、干、枝三者的构型骨架。树木盆景的造型,就是将根、干、枝的骨架结构按盆景的艺术规律组合,使之成为协调完整、线条优美、意境深远的艺术作品。

3)树桩上盆

根据设计要求,首先选好盆钵,新盆要在水中浸泡24 h,俗称"退火";对于旧盆,要清洗干净,然后用甲醛、高锰酸钾或杀菌药剂消毒,消毒后将盆清洗干净。盆钵清洗晾干后在盆底垫好瓦片或塑料网,塑料网一般垫2~3层,盖住盆底排水孔。依次放入粗砂、细砂和培养土,然后置树桩在预定设计的位置,注意树木的直、斜、卧、屈等姿态要符合设计要求,栽植不要过深或过浅,一般使根部稍露出土面。最后将培养土填到盆钵的预定高度,压实、浇透水。

4)摆件配置

按设计要求将摆件放到预定位置。常用摆件有人物、动物、小桥、亭阁、舟楫等。

5)整理完成

对树木枝叶最后整形、修剪,达到精细、美观的要求;对盆面裸露土壤敷设青苔,以保护盆土不会因浇水等原因造成土壤冲刷,同时更增加了美观性。

6)盆景命名

盆景制作完成后,把作者的创作意图用景名予以概括、深化,起到画龙点睛的作用。盆景命名得当,可以概括景观,突出神韵,表达情感,扩大时空,深化意境,表达主题。命名与作品匹配,可使读者对景生情,一名索美,陶怡情操,回味无穷。

2. 树木盆景造型技艺

1)蟠扎技艺

根据蟠扎材料可分为金属丝蟠扎和棕丝蟠扎两种。棕丝蟠扎是川派、扬派、徽派传统的造型技艺,而海派及日本和世界各国当前都采用金属丝造型。金属丝有铜丝、铝丝、铅丝、铁丝。

(1)金属丝蟠扎和棕丝蟠扎的优缺点比较

①材料来源:金属丝南方、北方都有,而棕丝只有南方才有(在南方是就地取材),北方难得,所以棕丝的应用有一定的局限性。

②使用效果:金属丝操作简便易行,造型效果快,能一次定型,而棕丝造型操作比较复杂,费时间,造型效果慢。金属丝的缺点是容易生锈,易损伤树皮,夏天金属丝还有可能会吸收很多热量灼伤树皮。尤其是对落叶树,因树皮薄,使用铁丝或铜丝常会使枝条枯死。而使用棕丝就不会产生伤树皮、生锈等弊病。铜丝和铁丝比较,铜丝更为理想,铁丝如不退火金属光泽太刺眼,不协调,韧性差易生锈,只能是一次性使用。铝丝世界上也多采用,它比铜丝更软,操作起来比较顺手。但铜丝、铝丝材料缺乏,成本高。所以,国内多用铁丝,铁丝型号一般为8#~24#。

(2)金属丝蟠扎

①退火:使用铁丝,用前先放在火上烧一烧,烧到冒蓝火苗为止,取出自然冷却(也可放在草木灰中自然冷却),铁丝变得柔软,并去掉了金属光泽,使用起来得心应手。如不退火,铁丝硬而有弹性,光泽耀眼,不好使用。

②蟠扎时期:蟠扎时期必须适宜,否则枝易折断,树势也会变弱甚至枯死。针叶树蟠扎的最佳时期是9月至翌年萌芽前。落叶树蟠扎较好的时期是休眠期过后(翻盆前后)或秋季落叶后进行。因为这段时期枝条清楚,操作起来比较便利,但有人认为此时期容易把嫩芽(早春)碰伤

或碰掉,主张在春夏枝条木质化后蟠扎,认为梅雨季节是一切树种进行蟠扎的最适当的时期。一些枝条韧性大的树种,如六月雪,一年四季均可蟠扎。

根据北京颐和园的经验,对鹅耳枥、小叶朴的蟠扎是在枝条木质化以后,冬闲时又集中蟠扎一次。他们认为当年蟠扎一次不会达到预期的效果,需要通过次年不断修整完善,待到第三年才能基本成型,成为一件完善的艺术品。

③蟠扎技巧:主要是主干和主枝、侧枝的蟠扎技巧。

a. 主干蟠扎

● 根据树干粗细选用适度粗细的金属丝,太粗了操作费力且易伤树皮,太细了机械力达不到造型的要求(铁丝一般8#~14#为宜)。所截金属丝长度为主干高度的1.5倍为宜,太长或太短都不合要求。

● 缠麻皮或尼龙捆带。蟠扎前先用麻皮或尼龙捆带缠于树干上,以防金属丝勒伤树皮(图3.50、图3.51)。

● 金属丝固定。一种固定法是把截好的金属丝一端插入靠近主干(观赏面背面)的土壤根团里,一直插到盆底;另一种固定法是将金属丝一端缠在根茎与粗根的交叉处。

● 缠绕的方向、角度与松紧度。如要使树干向右扭旋作弯,金属丝则顺时针方向缠绕,反之,则按逆时针方向缠绕。金属丝与树干成45°角,角度太小时,缠绕的圈太稀,力度不够则达不到造型的要求;角度大了,线圈太密则变成了"铁树"。缠绕时金属丝要贴紧树皮徐徐缠绕,由下而上,由粗而细,一直到干顶,要间隔一致,松紧合宜,太紧了伤皮,太松了主干不能保持弯度(图3.52)。

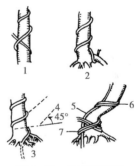

图3.50　枝干的包缠　　　　图3.51　蟠扎　　　　图3.52　金属丝固定

1. 压扣法　2. 挂勾法　3. 插入法

4. 缠绕夹角45°　5. 补竹片防折裂

6. 金属丝缚在外弯处　7. 双丝缠绕

● 拿弯。缠好金属丝后开始拿弯。拿弯时应双手用拇指和食指、中指配合,慢慢扭动,重复多次,使其韧皮部、木质部都得到一定程度的松动和锻炼,达到"转骨"的作用,这叫"练干"。如不练干,一开始就用力扭曲,容易折断。矫枉必须过正,不过正不能矫枉,拿弯要比所要求的弯度稍大一点,缓一段时间弯度正好。有时一次达不到理想弯度时,可渐次拿弯,可先把树干弯到理想弯度的1/3~1/2,经过2~3个月后,再弯曲一次,直到所希望的形状为止。不慎树干折裂时,可用绳子捆绑一下,以此补救。如干基较粗金属丝又较细时,可采用双股缠绕,以增加强度;如树干过粗时,可采用螺丝起重机(造型器)改变树干方向,以达到树干造型目的,也可以采用弧切法、纵切法或横切法或借助竹竿木棍绑扎造型,或借助弹簧、螺杆的推拉助弯(图3.53、图3.54)。如树干顶端较细,可接缠较细的金属丝,下端固定在分枝处或粗一级金属丝上。

图3.53　拉弯

图3.54　顶弯

b. 主枝、侧枝蟠扎

首先应注意金属丝的着力点。在枝条中段随便搭头,就无弹力,也不应为了加固着力点而反复缠绕。在可能时,一条金属丝做肩跨式,将金属丝两端分别缠绕在邻近的两个小枝上,既省料,又简便(图3.55)。在两条金属丝通过一条枝干时不应交叉缠绕形成"X"形。

图3.55　肩跨式

主枝枝片方向,一般第一层下垂幅度大,越向上越小,直到平展、斜伸。第一层枝片弯成下垂姿态时,如强度不够,可用绳子或细金属丝往下拉垂或在枝上悬一重物(图3.56)。

c. 蟠扎后的管理

蟠扎后2~4 d要浇足水分,避免阳光直射,叶面每天要喷水,伤口2周内不吹风,以利愈合。蟠扎后,粗干4~5年才能定型,小枝定型也得2~3年。定型期间应视生长情况及时松绑(老桩1~

图3.56　金属丝吊拉

2年松绑,小枝1年),否则金属丝嵌入皮层甚至木质部,造成枯枝或枯死。解除金属丝时,应自上而下,自外而里(与缠绕时方向相反),小心操作勿伤枝叶,如发现金属丝嵌入树皮,可用老虎钳将线圈一段段剪断,分段取下。

(3)棕丝蟠扎　棕丝与枝干颜色调和,加工后不影响观赏效果,且不易碰伤树皮,拆除也方便,但学起来难度大。一般先把棕丝捻成不同粗细的棕绳,将棕绳的中段缚住需要弯曲的枝干的下端(或打个套结),将两头相互绞几下,放在需要弯曲的枝干的上端,打一活结,再将枝干徐徐弯曲至所需弧度,再收紧棕绳打个死结,即完成一个弯曲(弯曲呈月牙形)。一般弯曲不宜过度,否则易失去自然形态。棕丝蟠扎的关键在于掌握好着力点,要根据造型需要,选择好下棕与打结的位置(图3.57)。

棕丝蟠扎的顺序,开始时,先扎主干,后扎主枝、侧枝,先

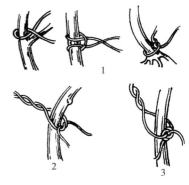

图3.57　系棕方法

1.系棕方法　2.活结　3.死结

扎顶部后扎下部,每扎一个部分时,先大枝后小枝,先基部后端部。

扬派、川派、苏派、徽派、通派盆景老艺人在长期实践中总结出了许多棕丝蟠扎法称为棕法。其棕法大同小异,目的都是为了利用棕丝将枝干扎成各种形状,枝法是造型手段,为立意服务,在掌握基本方法后,可根据桩景意境和形式要求灵活运用。弯曲较粗的枝干时,可先用麻皮包扎,并在需要弯曲的外侧衬一条麻筋,以增强树干的韧性。如树干粗弯曲困难,还可用支撑法、纵切法和锯齿助弯法等(图3.58)。

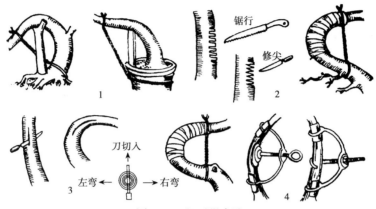

图3.58　粗干做弯法
1.支撑法　2.锯齿助弯法　3.纵切作弯法　4.机械拿弯法

下面介绍几种常见棕法(图3.59)。

①扬棕法:是在枝干或枝条下垂时采用的一种棕法,在枝条上部系棕,使枝条向上扬起,然后拿弯带平。

②底棕法:与扬棕情况相反,在枝条下部系棕,使枝条下垂,然后拿弯带平。

③平棕法:用于枝条基本水平的一种棕法,使枝条在水平内弯曲。

④撇棕法:是在碰到枝条有叉枝,形成两根枝条上下不等,拿弯曲又正巧在叉枝位置上时所采用的一种棕法。要点是系棕的位置要适当,主要根据拿弯的方向而定。如向左边拿弯,棕丝先经叉枝偏下的枝条一面,由下而上,系棕在叉枝偏下的枝条一面,然后再拿弯撇平。如向右边拿弯,则与向左拿弯相反。此棕法变化很大,有扬棕的撇棕、底棕的撇棕及平棕的撇棕。

⑤连棕法:在桃、梅花的剪扎中或枝条长而直时,不必一棕一剪,而用一根细棕连续扎弯而不剪断棕丝。每扎一弯,先打一个单结,然后把单结上的棕丝在前一棕丝上绕一下,从该棕丝下面钻出后,与单结下面的棕丝绞几下,再扎下一弯。

⑥靠棕法:只有在枝条的叉枝上,为防止叉枝因蟠扎而破裂的一种棕法。先在一枝上套上棕,交叉一下后,在另一枝外侧收紧打结,使两枝稍稍靠拢,使下一步弯曲枝条时,丫杈处不会撕裂。

⑦挥棕法:在枝条上无下棕部位或下棕后易滑掉,或离下棕的位置远或太近时,必须将棕丝系在枝条侧枝面,这就是挥棕。系棕在枝条侧面的称挥棕的平棕,系棕在枝条上面的称挥棕的扬棕,系棕在枝条下面的称挥棕的底棕。

⑧吊棕法:分上吊和下吊。当扎片基本成形,发现枝条下垂,而又无法在本身枝条上用棕整平时可用上吊,即从主干上系棕,将枝条向上吊平。当枝片上翘而又无法在本身枝条上用棕整平时,可用下吊,即在主干上系棕,将枝条向下拉平。

⑨套棕法:当扎片基本形成,发现枝片或某枝条不十分水平时,采用套棕加以调整。系棕时

后一棕套在已扎好的前一弯的棕弦上,由枝条上方或下方拉出,扎一下弯,使枝条在竖直方向产生微小位置变化,达到整平目的。

⑩拌棕法:当扎片基本形成,发现枝片水平面内枝条分布不均匀时,可用拌棕在水平面内调整枝条位置。在相邻或相隔的枝条上系棕,做左右移位。

⑪缝棕法:当扎片基本形成,发现枝条顶端边缘小枝上翘或下垂,而又无法平整,可用缝棕加以弥补。一般多用于扎好后的顶片。用一根细棕在顶片边缘像缝衣服一样,将顶端若干小枝连成一圈,使边缘小枝不易下垂或上翘。

棕丝蟠扎难度较大,故在蟠扎过程中应注意:选丝要粗细适当;枝干弯曲角度以不逾越120°为宜,主干第一曲长度大于第二曲,第二曲大于第三曲,以此类推;枝条第一曲应大于第二曲,否则重心不稳,造型不自然;棕丝拆除时间一般在一年之后,不要延误太久。慢生树可延长到3年左右。总之要及时拆除。

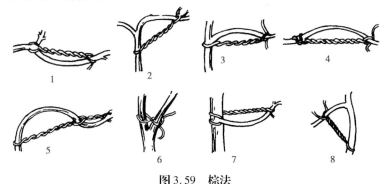

图 3.59　棕法

1.扬棕法　2.底棕法　3.平棕法　4.撇棕法　5.连棕法　6.靠棕法　7.挥棕法　8.吊棕法

(4)铁丝非缠绕造型法　采用金属丝非缠绕法,即不用金属丝缠绕枝干,而是将金属丝紧贴树干,再用尼龙捆带将它们自下而上缠绕在一起,而后拿弯造型。其优点是不伤树皮,尤其是减少了拆除时的繁杂过程,也不伤枝干。

(5)木棍扭曲法　用木棍机械力扭曲树干以达到造型目的。

2)修剪技艺

修剪也是树体造型的一种手段,通过修剪,去其多余,留其所需,补其所缺,扬其所长,避其所短,达到树形优美的目的。

(1)修剪的基本知识　修剪从总体上说来对树体有削弱、矮化改变树形的作用;从局部说来,却有促进作用,如疏去一个枝条则营养可集中供给另一个枝条,又如剪口用高位优势壮芽当头时,则能促生壮枝等,这叫做修剪的双重作用。修剪还能起到调节养分和水分运转、供应以及改善通风透光条件、减少病虫害的作用。掌握修剪技艺还应了解枝芽类型及其生长特性,如芽有顶芽、腋芽、单芽、复芽、花芽、叶芽、休眠芽等。同一枝条上,不同部位的芽质量不一样(芽的异质性)。各种树木的萌芽力和成枝力也不一样。了解有关知识很有必要,因为芽是缩短的枝,不同的芽形成不同的枝,修剪时要区别对待,也应该了解枝的类型:营养枝、结果枝。高位枝、高位芽长势最强,因为它们具有顶端优势。此外,枝条长势与其着生部位、方向、角度和芽的质量有关。一般着生在优势部位(顶上或背上)或直立的枝条长势旺,斜生的次之;背下枝下垂,长势最弱。通过留芽方向、改变枝向、调整角度等方法来调节枝势。

(2)修剪时期　修剪要适时适树,一般落叶树,四季均可修剪,但以落叶后萌芽前修剪为宜,因为这一时期树冠上无叶,可以清楚地看到树体骨架,便于操作,宜于造型,再说此时正值农闲之时。对于观花类,当年生枝条上开花的树种,如紫薇、月季等,宜在发芽前修剪;二年生枝条上开花的树种,如桃、郁李、梅等,宜在花后修剪;生长快的、萌芽力强的树种,四季均可进行,如三春柳、榆等,一年可以多次修剪。松柏类,由于剪后容易流松脂,故宜于冬季修剪。

(3)修剪方法及其反应　盆景修剪方法归纳起来有摘、抹、截、缩、疏、雕、伤等。在修剪时期上应冬剪与夏剪相结合,在方法上应蟠扎与修剪相结合,各种具体剪法综合应用。

①摘与抹:生长期将新梢顶端幼嫩部分去掉称为摘心。摘心可促进腋芽萌动多长分枝,利于扩大树冠。新枝慢长时摘心利于养分积累和花芽分化。枸骨、青枫、瓜子黄杨、金钱松、栀子等发芽后留 1~2 节摘心,即新梢长到 2~4 片叶时,留 1~2 叶摘心,再发再摘,可使枝密而短,且能保持原来的形态。真柏、黄金柏在初夏时(5—6 月)要摘去生长过长的嫩梢,摘心时只能用手,不能用剪刀,否则伤口处会发生锈色痕迹。

摘芽是摘去尚未展叶或刚开始展叶的嫩芽。其目的是摘去某些盆景树木的未开展的顶芽,促使其发生的枝和叶短而密,从而达到微缩的目的。如黑松、锦松、黄山松在春季主芽尚未展开时,全部摘去,在其下部定能重新萌发出 2~5 个副芽。由这样的副芽长出的枝和叶均短而密,从而达到了枝短、叶细的目的,更显自然、苍老。当然,由于此法产生的枝条过于拥挤,可根据整个画面的情况来进行调整。五针松则不同,通常不将未开展的主芽全部摘去,而是根据芽的强弱与长短摘去芽的 1/3 或 2/3,枝片下部的弱芽不要摘去。五针松摘芽不能太晚,因为芽易发生木质化,而不易摘下,有时容易将叶全部摘去,仅留枯梗。但树冠上部的壮芽,因长势较旺盛,可全部摘去,促使副芽萌发。

摘叶的目的是摘去较老的叶片,迫使重新萌发新叶。由于新叶幼嫩,色泽翠绿,无论在形态还是色泽上,都比老叶更具有观赏价值,从而延长了观赏期。其次是通过摘叶促使腋芽萌发,由原来的一年一次萌芽变为 2~3 次,可形成枝细叶密的枝片,如榔榆、雀梅、石榴、枫树、枸杞、银杏、榕树、朴树等都可采用摘叶法提高观赏效果。老叶摘去后,树木的蒸腾量减少,所以要控制浇水量不能过大,防止盆土过湿。同时适当地追施速效性肥料,摘叶后 15~20 d 即可发生新叶。榆树可一年摘叶 2~3 次,红枫类盆景树木在夏末将老叶摘去,秋后发出嫩叶更红、更艳。枸杞在秋初摘去老叶,至深秋叶色翠绿,果实红艳。细叶榕在夏初将全部叶片和每个芽尖都摘去,适当减少水分,并在阳光下暴晒,长出的新叶既厚又小。此外,摘叶还可使枝叶疏朗,提高观赏效果。

盆景树木的主干和基部,特别是萌芽力强的种类,极易发生许多不定芽,如任其生长,不仅消耗不必要的养分,而且会扰乱树形,破坏原来的造型,所以只要发现此种芽发生,要立即除去,即为抹芽。

②截:对一年生枝条剪去一部分叫短截。根据剪去部分的多少可分为短截、中短截和重短截。它们的修剪反应是有差异的:短截后形成中短枝较多,单枝生长较弱,但总生长量大,母枝加粗生长快,可缓和枝势。中短截后形成中长枝较多,成枝力高,生长势旺,可促进枝条生长。重短截后成枝力不如中截,一般剪口下抽生 1~2 个旺枝,总生长量小,但可促发强枝,自然式的圆片和苏派的圆片,主要靠反复短截造出来的。枝疏则截,截则密。

③回缩:对多年生枝截去一段叫回缩。这是岭南派"截干蓄枝"的主要手法。回缩对全枝有削弱作用,但对剪口下附近枝芽有一定促进作用,有利更新复壮。如剪口偏大则会削弱剪口下第一枝的生长量,这种影响与伤口愈合时间长短和剪口枝大小有关,剪口枝越大,剪口愈合越

快,则对剪口枝生长影响越小。反之,剪口枝小、伤口大则削弱作用大,所以回缩时,留桩长或伤口小,对剪口枝影响小,反之为异。为了达到造型目的,挖野桩时和养坯过程中,经常运用回缩的办法,截去大枝,削弱树冠某一部分的长势,或为了加大削度,使其有苍劲之感,而实行多次回缩。所以回缩既是缩小大树的有力措施,又是恢复树势、更新复壮的重要手段,也是造成岭南派"大树型"的主要手段。

④疏:又叫疏剪,是将一年生或多年生枝条从基部剪去。疏剪对全桩起削弱作用,减少树体总生长量。它对剪口以下枝条有促进作用,对剪口以上枝有削弱作用,这种作用与被剪去枝的粗细有关。衰老桩头,疏去过密枝,有利于改善通风透光条件,可使留下的枝条得到充足的养分和水分,保持枯木逢春的景象,对病虫枝、平行枝、交叉枝、对生枝、轮生枝,有些要疏掉,有的则进行蟠扎改造,以达到造型要求。

⑤雕:对老桩树干实行雕刻,使其形成枯峰或舍利干,显得苍老奇特。用凿子或雕刀依造型要求将木质部雕成自然凸凹变化,是劈干式经常使用的方法。有条件还可以引诱蚂蚁食木质部达到"雕刻"的目的。在蚂蚁活动期间(3—10月),可在树干上用刀刻去韧皮部、木质部,再在木质部上钻一些洞眼,涂上饴糖,引诱蚂蚁群集蛀食,每周刮一次涂一次,蛀食木质部的速度很快,切忌蚂蚁在此做窝(用20倍甲醛驱逐)。

⑥伤:凡把树干或枝条用各种方法破伤其皮部或木质部,均属此类。如为了形成舍利干或枯梢式,就采用撕树皮刮树皮的手法。为使枝干变得更苍老而采用锤击树干或刀撬树皮,使树干隆起如疣。这种手术应在形成层活动旺期(5—6月)进行。此外,刻伤、环剥、拧枝、扭梢、拿枝软化、老虎大张口等也均属于伤之列。萌芽前在芽上部刻伤,养分上运受阻,可促使伤口下部芽眼萌发抽枝,弥补造型缺陷。在果树盆景上环剥技术应用较普遍,对形成花芽和提高座果率效果显著,拧枝、扭梢、拿枝都应掌握伤筋不伤皮的原则,对缓势促花都有一定效果。

观花类的盆景树木,大多数种类的花芽都是在当年生枝条上形成,所以这类盆景树木的修剪主要是花后进行。如梅花就是在开花后结合翻盆进行修剪,一般是在基部留2～3个芽短截,才能促使萌发的新枝更加粗壮和形成更多的花芽。梅花在开花前,只能剪去枝条先端生长不充实没有花芽的部分,当然也要疏去病虫枝、枯枝、过密的枝及没培养前途的营养枝。石榴在结果母枝上抽生结果枝,顶生的花朵容易结果,所以当年的新梢长到10 cm时摘一次心(只能摘一次,否则不开花),可使叶片变小且能开花,提高观赏价值。垂丝海棠、贴梗海棠、火棘等为短枝开花结果种类,修剪时将其营养长枝留1～2芽短截,使它能转化为结果枝。

枝的疏剪与短截要根据树木盆景的构图来确定。要注意疏与密、露与藏、刚与柔等关系的处理。短截时剪口下所留的芽,可以控制枝条转折方向。每一枝的去与留都要经过认真考虑。夏季高温可暂缓修剪,或少剪,以防枝干灼伤;较粗的枝条宜安排在冬季修剪。日常养护中,徒长枝、病虫枝、枯枝、纤弱枝,可随时进行修剪。徒长枝可以疏去也可留基部1～2个芽修剪,具体要根据构图的要求而定。

总之,修剪原则是因树修剪、随枝造型,强则抑之,弱则扶之,枝密则疏,枝疏则截,扎剪并用,剪法并用,以达造型、复壮之目的。

3) 上盆技艺

经过加工造型的树坯,趋于成型,则可上盆配景,以供观赏。首先选择恰当的盆钵,盆的大小、深浅、质地、色彩,都要依据树景的具体情况而定。

最好在树种的休眠期进行上盆。上盆时用碎瓦片或金属网(塑料丝网更好)填塞盆底水

孔。浅盆多用铁丝网,较深盆可用碎瓦片,两片叠合填一个孔,最深的签筒盆需用很多瓦片将盆下层垫空,以利排水。如不注意,将水孔堵塞,水排不出去,将会造成植株烂根现象。用浅盆栽种较大树木时,需用金属丝将树桩与盆底扎牢。也可先在盆底放一铁棒,使金属丝穿过盆孔扎住铁棒。这样在栽种时根便可以固定下来,不致摇动而影响以后萌发新根。

树木的位置确定后,即将事先筛好的3种粗细的盆土放入盆内:先将大粒土(或泥炭)放在盆底,再放中粒土填实根的间隙,最后放入小粒土。培土时一边放入,一边用竹签将土与根贴实,但不要将土压得太紧,只要没有大空隙即可,以便于透气透水。土放在接近盆口处,稍留一点水口,以利浇水。如系浅盆,则不留水口,有时还要堆土栽种,树木栽种深浅也要根据造型的需要,一般将根部稍露出土面。

为了增加观赏效果,最好进行盆面装饰。首先将盆面泥土的形状处理成有起有伏,富于变化,然后铺设苔藓用于绿化,也可根据情景的需要加配山石或配件作为装饰。

树木栽种完毕,要浇水。新栽土松,最好用细喷壶喷水。第一次浇水务必浇足。而后将其放置在无风半阴处,天天注意喷水,半月后,便生新根,转入正常管理。

4)根的造型技艺

(1)垫根法 选取健壮的盆景树材,将全部根系掘起,洗掉泥土,剪去所有向下根系,注意保留四周侧根,清理成放射形,用扁形物体如木板、瓦片等垫在根部下端,再用棕丝或易腐绳带将根系均匀地缚扎在垫物上(图3.60①)。在培养过程中应尽量保留树冠,促使根系生长,数年后即可蓄养一理想根型(平展根)(图3.60②)。

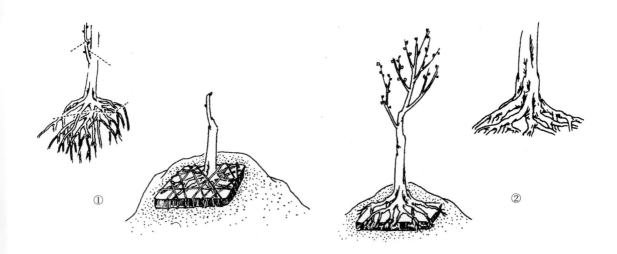

图3.60 垫根法

(2)盘根法 选用根部柔软易于盘曲的盆景材料,如榕树、金雀、紫藤、榆树等,春季挖起全部根系,洗去泥土,保留适于盘曲的长根,将锥形棕(锥形体)塞入根部中间,把根沿棕外围分开,再编排盘曲长根,粗细有别,自然得体,使根形呈喇叭状,再用易烂绳带缚扎(图3.61①)。将盘曲处理的树材植于地下,或植于稍大的泥盆中(图3.61②)。经过盘根蓄养,并逐渐提根,若干年后,即可培养出奇特而美观的盘曲根型(图3.61③)。

(3)挤压法 在树木生长过程中,不断采取物理方法,对根基主根进行抑制挤压,使其形成板状根。选用生长快、根系发达的树材,如三角枫、榕树、朴树等。掘起后,洗去泥土,保留侧向主根,将侧根向四周分成5~8根,根底呈"喇叭状",并将锥形物体塞入根下养护。成活后,扒出主根,用自制刀形铁板且带螺丝,分别将分开的侧根夹持拧紧(图3.62①),两年后拆卸夹板,即可塑造成别具风格的板状根(图3.62②)。

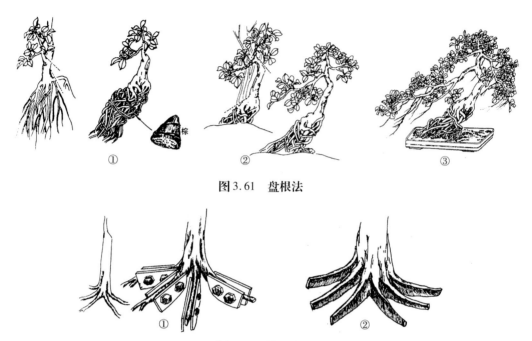

图3.61　盘根法

图3.62　挤压法

(4)围套法　用围套的方法,控制根的扩张,迫使根系向下生长,培养不同形式的悬垂根。春季掘起健壮的树材,洗去根部泥土,剪除短侧根,保留下垂根系(图3.63①)。向四周扩散的根,可用易腐烂绳线绑扎,选用高筒泥盆栽植,上部再用厚塑料或油毡将根部围起来,进行蓄养(图3.63②)。两年后,拆除围套物,即可形成风致独特的悬垂根(图3.63③)。在以后翻盆过程中,可逐渐把悬根裸露于盆面,提高观赏价值(图3.63④)。

5)枝的造型技艺

(1)垂枝造型　垂枝是指主枝、次枝都呈软弧状下垂,枝条流畅自然,少有曲折变化,枝与枝之间基本平行下垂,枝条细长,密集,多用于自然界垂枝的树种。

下面以柳树为例介绍垂枝的造型。

柳树在自然生长情况下,新生枝长势旺盛,均向上生长而很少下垂,而小枝条、侧枝及长势偏弱的枝条容易下垂。在强光下生长的枝条长势健壮,多数向上生长。如在半遮光条件下,枝条生长偏细而弱,小枝分生侧枝快,而且下垂枝容易形成。

①早期定枝:早春,当新枝条长至10~15 cm时,即决定枝条的去留,原则上是根据布局的需要,决定下垂枝的位置、多少、疏密、长短、粗细、层次变化和整体轮廓的安排。首先要将长势稍弱的侧枝和小枝定为培养下垂枝的枝条,这些枝条不但容易下垂,而且纤细柔和,效果极好。对于不易下垂的强壮枝一般应抹去,即使用来制作垂枝,也缺乏柔姿。如果布局需要,也可保留壮枝,但要及早进行一次摘心,目的是促发侧枝,以便多枝利用。

②遮光处理:定枝后,枝条处在旺盛生长期,此时应避开全天强光照射,放置在半阴环境条

件下。通过遮光处理,其大部分枝条自然下垂且姿态柔和。

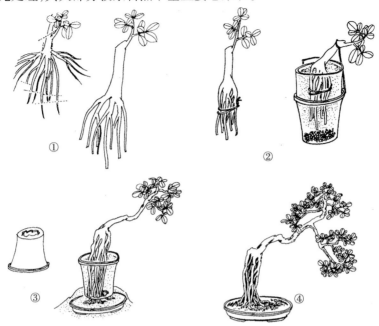

图3.63 围套法

③枝条调整定位:上述枝条虽下垂,但垂枝的角度、方位不一定合乎布局的要求。这时需要采用铁丝蟠扎或细丝牵拉的技法进行垂枝的调整定位。

④梳理侧枝:这是制作垂枝的最后一步。柳树的枝条上小侧枝比较丰富,如果某一部位垂枝过多,侧枝过盛,会出现过密的现象,应及时进行梳理,去掉多余小毛枝叶,特别是向内伸展的小枝叶。经剪除之后,枝条下垂自然,疏密有致,线条流畅,造型更加完美。

此外,在下垂枝的整体布局上还应注意,不能出现上下层次的重叠,要使上位垂枝下垂在下位垂枝的空间位置上。这样做可以使下垂枝上下参差不齐,与邻近枝条相依,整体的周边关系疏而不乱。下垂的枝条要有长有短,造型上要表现枝条。布局上枝条宜疏不宜密,原则上密不遮干,疏而不空可见枝叶。

(2)云片造型 云片造型是扬派盆景的主要风格。扬派盆景的个性在云片,云片的布局在立意,立意的实现在树木。故在创作扬派盆景时,选择树木极为重要,一般选用五针松、罗汉松、桧、榆、黄杨、迎春、六月雪、银杏等树木种类。扬派盆景的美感在"云片",云片的美感在挺拔,挺拔的实现在功底。在创作扬派盆景时,除有美好的立意外,还需要具备运用各种棕法技巧的功底。

在树木剪扎的基础上,先将留做顶片的主枝或小枝用底棕法拿弯带平,然后应用平棕法水平状进行弯曲,再将第一侧枝向上呈反方向,应用平棕法水平状左右弯曲,形成圆形顶片骨干枝,必要时再用主枝下第二侧枝,甚至第三侧枝弥补空;然后因枝制宜,应用棕法,使寸枝能有三弯,将枝叶剪扎成平行排列,叶叶俱平而仰,圆形"云片",顶片扎成后,再由上而下剪扎中下片。

中下片一般留在弯曲后主干的凸部,先用底棕法扎片叶,将中央主枝拿弯拉平,然后应用平棕左右弯曲,形成骨干枝。随后将侧枝因枝制宜,应用棕法,剪扎成掌状"云片"。顶片、中下片剪扎成形后,剪去余枝。

(3)风吹枝造型 制作风吹枝的造型关键是要处理好风吹飘动感。荡漾飘拂的枝条大多向一个方向弯曲呈波浪式延伸,各部位的枝条飞动流畅自然多韵。布局上不要出现枝条的"+"字交叉和散乱现象,同时还要处理好枝条的长与短、粗与细、疏与密及空间的布局问题。枝条切不可僵硬呆板,或一味地去将枝条向同一方向倾斜而失去自然的风姿神韵,从而造成创作失败。风吹枝的造型,采用铁丝蟠扎的方法进行枝条定位,培养基础过渡枝,利用植物的向光性将盆底一侧抬高,以最佳的角度促使向阳生长。一般各级过渡枝的培养需要几年的时间才能完成。小型树桩的枝干过渡造型需要2~3年,中型树桩3~5年。风吹枝条的最后布局定位还要借助细铁丝的缠绕、吊扎等手段来完成,人为地造型始终贯穿制作的全过程,靠自然生长往往不尽如人意。

6)树木盆景造型注意事项

桩景造型,遇下列情况应予避免或克服或注意:

①悬崖式背上枝长势过强或留之过大。遇到这种情况要及时调整树势,否则养分、水分会被它夺去,悬崖枝将遭到抑制和破坏。

②出枝有轮生习性的树种如松杉类,应按最佳角度选留1~2个分枝,余者删去。

③根部重缩大苗,初栽下应以养为主,不应重剪,待复壮后再考虑造型不迟。

④在主干两肩等高着生的扁担枝,应去一留一。在分枝过少不便疏去时,应以一抑一扬或转换伸展角度等手法扭变其位,以免呆板。

⑤主干正面的顶心枝应予剪去,并避免将分枝完全反向倒扭通过主干,形成门闩枝。这种扭曲犹如手臂反扭,极不顺眼。

⑥上下分枝与主干之间的结构要避免出现三角交叉。

⑦采用棕法蟠扎枝片,其着力点应避免上片吊挂于下片的做法,因其不能使片形斜度持久稳定。

⑧枝片伸展方向和角度,不应雷同,应按下垂、中平、上伸的原则处置。

3.树木盆景主要造型的制作

1)榆树直干式盆景制作

人工繁殖苗,比较适合制作中小型直干式盆景。幼苗培养盆景尽可能地栽,以利于幼苗生长壮大,盆栽也可,但生长速度要慢得多。榆树直干式盆景制作步骤(图3.64)如下:

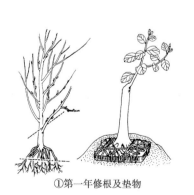 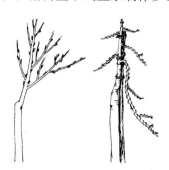 

①第一年修根及垫物   ②第二年修剪及蟠扎   ③第三四年养护及上盆观赏

图3.64 榆树直干式盆景制作

①选择3~4年生的健壮的小叶榆树苗,2—3月掘起,洗尽泥土,剪除长根并用金属丝稍加蟠扎,使其呈放射状展开,同时剪除主干及根端,选一侧枝代干,栽植时用一扁平物垫在根的下

部,抑制根垂直向下生长,迫使根系水平生长。

②翌年春,榆树刚刚萌芽时,将根部堆土铲除,使根基裸露,拆除根部的蟠扎物,再用土覆盖,同时对干部的侧枝进行定位修剪,用直棍固定好主干,用铜丝蟠扎成需要的形体,及时抹除主干部萌生的新芽,促使侧枝上的新枝生长。梅雨后拆除枝干蟠扎物,同时对侧枝上新发枝条进行蟠扎。两个月后再拆除,并任其生长,落叶后再进行一次重修剪。

③第三年,可移植泥盆里养护。主干、侧枝基本定位后修剪,春季、梅雨季、初秋对长枝进行缩剪,并加强肥水管理。

④第四年早春上盆观赏。

2)罗汉松曲干式盆景制作

罗汉松有大叶、中叶、小叶之分,叶越小制作盆景效果越好。在盆景制作中,常用生长速度较快的大叶罗汉松嫁接小叶罗汉松。罗汉松曲干式盆景制作步骤(图3.65)如下:

①第一年选择植株及培养　　②第二年修剪及蟠扎　　③第三四年定型及上盆

图3.65　罗汉松曲干式盆景制作

①2—4月份选择植株丰满矮小,枝叶茂盛,5~8年生小叶罗汉松,带泥球掘起,抹掉主干及侧枝基部的叶、芽,并疏剪过密的弱枝。选择好观赏正面,将植株斜植盆内浇透水,要求培养土渗水性强、透气性好。

②第二年,早春进行蟠扎,先剪除蟠扎枝基部枝叶,抹除蟠扎处的芽、叶。用手捏紧主干,轻轻弯几次以疏松木质部,用棕绳扎成一弯半,先扎第一弯再扎第二弯。主干的位置以垂直根部为好,然后用金属丝蟠扎分枝,所扎之处均摘除叶、芽。侧枝弯曲要有力度,并稍呈下垂状,忌弧弯,以增加和主干的刚柔对比。

③第三年或第四年后,主干基本定型即拆除棕绳。当分枝上的小枝形成后,再用金属丝蟠扎成水平状,加速树冠的形成。在养护中及时抹除主干分枝基部萌发的叶芽,并注意摘心,控制徒长枝,增加树冠的密度。

④因小叶罗汉松生长十分缓慢,要待数年后方能基本成型。

3)瓜子黄杨斜干式盆景制作

瓜子黄杨,常绿树种,叶小而厚,是制作盆景的理想树材。可选用有一定造型的老枝扦插苗,制作盆景。瓜子黄杨斜干式盆景制作步骤(图3.66)如下:

①选择3~4年生冠部丰满的老枝扦插苗,春季带泥球掘起。抹除主干枝上的萌芽,疏剪过密枝,缩剪保留枝,用金属丝将根部收拢。然后斜栽在稍大的泥盆中养护半年或一年。

②第二年,用棕绳蟠扎粗老枝条,并加强日常管理,勤施氮肥,逐渐露根。5月、10月若长出

新的枝叶,要及时抹芽摘心,增加枝冠的密度。

③几年后,枝冠基本丰满即拆除蟠扎物。在春季移植到观赏盆内,栽时根部向上提一点,浇水渐露根基。

①第一年植株拢根及修剪   ②第二年修剪及蟠扎   ③几年后定型及上盆

图 3.66   瓜子黄杨斜干式盆景制作

4)白蜡双干式盆景制作

白蜡树适合各种形式的盆景造型,扦插繁殖盆景苗较为理想。白蜡双干式盆景制作步骤(图 3.67)如下:

①第一年,春季 2—3 月份。选择 4～5 年生有两干的壮苗,剪除 2/3 的枝保留一粗一细两根干,根部修剪理顺呈扁平放射状,如地栽可在根底部垫砖,把放射状根束缚在砖体上,填土浇水。

②第二年春在两干基部各选一侧枝代干,第三年或第四年早春,将主干再一次截短,侧枝代干加以蓄养。梅雨后选取的侧枝可长到约 50 cm 长,此时用金属丝绑扎弯曲,使两干向右倾斜,其顶梢部竖直朝上。剪除对节枝的一侧,如制作高干形,主干 1/3 以下的枝全部剪除,当侧枝长到 30～40 cm 长时,再一次蟠扎、短剪,往后以剪为主,略加绑扎,造型时左侧枝长,右侧枝短。

③第四年,基本成型后,到春季掘起在盆中试放,剪除长根及多余枝干,重新地栽养壮根系,确保塑春上盆成活。

④第五年春,选长形浅盆移植,由于干较高,两干均向右倾斜,故上盆定位在盆钵向右 1/3 处较好(图 3.67)。

①第一年修根及垫物   ②第二三年修剪及蟠扎   ③第四五年定型及上盆

图 3.67   白蜡双干式盆景制作

5)朴树文人木式盆景制作

朴树萌芽力强,干呈灰白色,幼干光滑、瘦长,造型成文人木盆景落叶后更显得清瘦、寂寞。朴树文人木式盆景制作步骤(图 3.68)如下:

①第一年,春季选择 3～4 年生的播种苗,掘起后洗去泥土缩剪长根并修剪根系使根呈扁平

状,在干基部上5 cm处截去主干,选一侧枝代干,然后用泥盆栽植,当年春末夏初,将侧枝绑直,使干过渡自然。

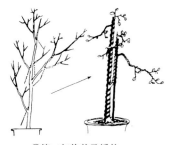

①第一年修剪枝干及根　　　②第二年修剪及蟠扎　　　③第三年定型及上盆

图3.68　朴树文人木式盆景制作

②第二年春,根据枝干的条件构图,选留两枝进行蟠扎定位,多余枝剪除,如干不直可用直棍固定主干,逼曲为直。

③第三年枝条定位后即可拆除绑扎物,然后用缩剪的方法造型。朴树秋季易受冻害,修剪在早春为宜。基本成型后,春季选用偏冷色浅型紫砂盆栽植观赏。在管理过程中不宜过多施肥,以保持形体的清瘦。

任务实施

完成本次任务的工作量大,需要同学配合,所以分组进行。具体完成任务可以按以下3步进行:

(1)领受任务　教师分配任务,先让学生明白需要完成任务的内容。然后指导教师演示并传授要领,拿出或做出树木盆景作为示范样品,让学生熟悉制作树木盆景的程序及技术要领。然后让各组领取植物材料和制作工具。

(2)知识学习　学生明白任务后,通过观摩指导教师的操作演示,及时与学习相关知识结合,熟悉树木盆景制作的程序及造型技艺。

(3)完成任务　学生通过知识点的学习及观摩演示,按照选材、配盆、造型、上盆、命名等环节完成作品。作品完成后,在现场首先进行学生互评,然后再由教师对作品进行打分并讲评,分析作品的优缺点,结合初学者易犯的错误指出制作中应注意的事项。教师给每个作品进行讲评打分,不及格者重做,直到学会。

任务考核

每位同学独立完成任务,准备汇报作品;指导教师根据学生作品完成的质量、态度等进行综合评分(表3.2)。

表 3.2　树木盆景的制作技艺任务考核表

学习目标	评价标准	评价得分
理论知识 （20分）	树木盆景蟠扎、修剪技艺； 树木盆景根、干、枝的造型技法； 树木盆景的配植手法	
专业技能 （30分）	会进行树木的选择、蟠扎、修剪及造型 初步会创作树木盆景	
任务完成 （30分）	1 件树木盆景作品	
学习态度 （20分）	制作作品的态度	
综合得分及评价：		

[作品鉴赏]

盆景作品《东岳双雄》鉴赏

作者:鲍世骐;树种:刺柏;树高:115 cm。

此作双干趋向一致,高低、主次分明,整体树冠轮廓构成的线条曲折多变,树冠繁茂而枝片清晰。肥厚、饱满的活水线在双干枝间隐现;如石般坚硬的舍利抑扬顿挫,扭转有力,肥筋瘦骨交相辉映,树冠枝片表面的宁静与树干内在力量的律动无不给人以一种生命的和谐美。

枝片的布局,长短疏密多变,合理的前后参差枝,使整体树形显得凝重而深厚,精扎细剪的枝片繁而不乱,每枝都枝中有枝、片中有片,枝片的线条流畅而遒劲,与刚健苍古的树干相协调。左边的舍利干凝固在空间,与主体枯荣相济,虚实相生,气脉相连,给人以一种空灵感,仿佛在无声地表露着多少的"曾经"与"往事",令人遐想无尽、回味无穷……(图 3.69)。

图 3.69　鲍世骐作品《东岳双雄》

[技能实训]

(1)铁丝去火训练。

(2)选择当地适当的植物材料,进行金属丝、棕丝的蟠扎训练。

(3)树木枝干的拿弯造型训练,枝叶的修剪训练。

[思考讨论]

(1)讨论树木盆景蟠扎、修剪的方法。

(2)讨论树木盆景根、干、枝的造型技艺。

(3)讨论如何制作风吹枝、下垂枝和云片枝。

(4)分别阐述树木盆景常见的根、干、枝的基本形态及有怎样的造型要求。

项目 **4** 树石盆景的制作

[学习目标]

知识目标:

(1)了解树石盆景的概念、特点及表现形式;

(2)熟悉树石盆景的立意构思、材料选材、布局过程、材料加工、胶合栽植、整理配置。

能力目标:

(1)能认知树石盆景的表现形式;

(2)能初步进行树石盆景的制作。

[项目分析]

树石盆景已成为盆景造型类别新的主流(中国盆景原只分树桩盆景、山石盆景两大类,现已形成树木盆景、竹草盆景、山水盆景、树石盆景、异型盆景、微型盆景六大类),综合树木盆景和山水盆景的精华,涵盖了传统盆景分类中树木盆景的附石类和山水盆景的水旱类。树石盆景是用树木和山石为主要材料在盆中造景,它将树木盆景和山水盆景两者自然融合在一起,使之表现的内容更加丰富与自然,树、石并重,具有较高审美情趣。本项目是盆景知识与技能的深入,为树石盆景的创作与操作技艺奠定基础。本项目的重点是树石盆景的形式、原理、构思、布局、选材、用盆、技法;难点是树石盆景的构思与布局。

任务1 树石盆景基本形式的识别

任务提出

通过一段时间的学习,小李掌握了盆景的基本知识,现在他对树石盆景的学习也存在疑惑:什么是树石盆景? 树石盆景有哪些表现形式?

根据以上情境,通过相关知识的学习,请完成以下任务:

（1）简述树石盆景的概念及特点。

（2）谈谈树石盆景的常见表现形式。

 任务分析

要回答以上任务,首先要通过相关知识的学习,了解什么是树石盆景,其有何特点,然后再了解其表现形式,这样逐步地了解树石盆景的基础知识。

相关知识

微课

1. 树石盆景的概念及特点

1)树石盆景的概念

树石盆景早在唐章怀太子李贤墓的壁画中就出现了,其中可以看到侍女手捧盆景,盆中有树有石,当为树石盆景的先身了。树石盆景是指以植物、山石、土为素材,分别应用创作树木盆景、山水盆景的手法,按立意组合成景,在浅盆中典型地再现大自然树木、山水兼而有之的景观艺术品。

2)树石盆景的特点

树石盆景其特点是将树木栽种于山石之上,树或扎根于石洞或石缝中,或抱石而生;形式多样,构图丰富,造型各异,题材广泛。树石盆景的形式内容丰富多样,并无固定的模式,应根据选用材料、表现主题及艺术手法来决定。一般多以树木为主,也可以山石为主,但总体都是围绕着树木与山石、山石与水面、水面与旱地、旱地与树木、旱地与山石、树木与水面之间的变化而变化;并可以通过树木、山石、水面、地形、配件等作不同的处理,来达到变化万千、丰富多样。因而对于运用布局中的疏密、虚实、刚柔、轻重等一系列艺术辩证法,极利于创造一种富于诗情画意的优美场景,使作品的内容和形式都得到升华,并与观赏者的思绪产生交流和共鸣,令观者有"望秋云,神飞扬,临春风,思浩荡"之感,达到情景交融、物我两忘的境界。

3)树石盆景与树木盆景、山水盆景的区别与联系

树石盆景集树木盆景和山水盆景的精华于一体,既不同于树木盆景,单一而抽象,只能单一地展现树木之景,对树和树外之情景,要靠丰富的联想;又不同于山水盆景,实在而具体,将山川秀峰尽收眼底,显得过于实在具体。树木盆景多表现大自然旷野古木、山间奇树和各类丛林树木景色;山水盆景多表现岭峦峰岳、江河湖海的自然景观;树石盆景的表现既有高山大川、小桥流水,也有平坡岗岭、田园风光,更有古树名木、山林野趣,集多种自然景观于一盆。

2. 树石盆景的形式

树石盆景是以树和石组合造景来进行布局的,布局的手法很多。依据树石盆景盆面布局情况,视其盆面有无留有水面,可分为水旱类和全旱类两大类别。

1）水旱类

水旱类树石盆景多以树木为主景,也有以山石为主景的,盆中有山、有水、有土、有坡,树木植于土岸或石上。山石将水与土之间分隔开来。盆中坡岸水线迂回曲折,水面静波潋洄,树木枝叶扶疏,山岳秀中寓刚,在盆中形成水面景色与土坡岸地的自然景色。在浅口山水盆中将自然界那种水面、旱地、树木、山石、溪涧、小桥、人家等多种景色集中于一盆,表现的题材既有名山大川、小桥流水,也有山村野趣、田园风光,展现的景色具有极为浓郁的自然生活气息。

水旱类树石盆景的布局形式,常见的有以下几种。

(1)水畔式　盆中一边是旱地,一边为水面,用山石来分隔水面与盆土。旱地部分栽种树木,布置山石;水面部分放置渔船,点缀小山石。水面与旱地的面积不宜相等,一般旱地部分稍大。分隔水面与旱地时注意分隔线宜斜不宜正,宜曲不宜直。水面部分可点上少许小石块,或放置舟楫,使空旷的水面上产生"虚中有实"。这种式样主要表现水边的树木景色(图4.1)。

图4.1　水畔式

(2)岛屿式　盆中间部分为旱地,以山石隔开水与土,旱地四周为水面,中间呈岛屿状。水中岛屿(旱地)根据表现主题需要可以有一至数个。小岛可以四面环水,也可以三面环水(背面靠盆边)。水中还可以点以小石块。盆中岛屿的形状不可规则,地形要有起伏,水岸线也要曲折多变。还须注意岛与岛之间的主次关系,不可大小相等,平均分配。这种形式主要用于表现自然界江、河、湖、海中被水环绕的岛屿景色(图4.2)。

图4.2　岛屿式　　　　　　　　　图4.3　溪涧式

（3）溪涧式　盆中两边均为山石、旱地和树木，中间形成狭窄的水面，呈山间溪涧状，并在水面中散置大小石块。两边的旱地必须有主次之分，不可形成对称局面，较大一边的旱地上所栽的树木也应较多、较为高大，另一边则反之。另外还可通过溪涧形状的曲折迂回，中间山石高低、大小变化，以及树木的近低远高，来表现景物的深远效果。这种形式主要表现山林溪涧景色，极富自然野趣（图4.3）。

（4）江湖式　盆中两面均为旱地、山石，中间为水面，后面还可有远山低排。旱地部分栽种树木，坡岸一般较平缓。水面则较溪涧式开阔，并常置放舟楫或小桥等配件。布局时须注意主与次、远与近的区别，水面不可太小，水岸线宜曲折柔和多变。这种形式适宜表现自然界江、河、湖泊的景色（图4.4）。

图4.4　江湖式

（5）综合式　在创作中，可以表现多种形式的题材，将多种形式有机地结合起来，形成一种较复杂的布局形式，如将岛屿式、溪涧式、水畔式相结合，就可产生一种新形式，可以称为综合式（图4.5）。

图4.5　综合式

（6）景观式　盆中有旱地、山石和水面，也可以不留水面。旱地部分栽种树木，除有水旱盆景的一般形式特点外，景观式要有体量明显大的建筑配件作主景，在这里，原本作为主要景物的树与石成了次要景物，而配件则成了主要景物。

景观式中的建筑景物可以是古代的，也可以是现代的，如房屋、大桥、水坝、交通工具等。这种形式主要表现人们在生活中与自然环境相结合的一种景观（图4.6）。

图4.6　景观式

（7）风动式　盆中用山石作坡分开水面与旱地，旱地部分栽种树木，并放置山石和配件。水面部分一般占盆面三分之一左右。盆中的树木造型均做成风吹式，所有树枝都向一侧飘拂，展示树与风抗争的自然景象，树的姿态极具动感，与静止的水面映衬，动静相宜。这种形式以风吹式造型的树木为主景，山石与其他景物为辅。整体布局营造一种静中有动、动中有静的局面，较为生动活泼而富有气势（图4.7）。

（8）组合式　盆中有多组单体景物，分则能独自成景，合则能组合多变。以石代盆，树栽石中，石绕树旁，树石相依，组合多变，协调统一。石与盆不予胶合，盆中景物可依创作主题需要而移动组合，变换成景。

图4.7　风动式

它表现的自然景观较多，范围较广，也较自由。由于盆中树木是栽种在山石中，而山石替代了盆，因而在运输过程中，它可以从盆中拿下来单独包装，方便运输（图4.8）。

图4.8　组合式

（9）石上式　采用吸水性较好的软石雕凿洞穴，栽树于洞穴内，根附石内，软石吸水，将石置以旱地土坡中，用石分出旱地与水面。或将石直接置以水盆中，用栽树之石替代旱地土坡。

盆中除了栽树之石外，均为水面。然后在水面上配以山石和配件作点缀，这种形式特点是树直接栽于山石上，符合天然生态，不用水盆，亦能观景（图4.9）。

图4.9　石上式

（10）景盆式　这种形式的主要特点是景为盆，盆为景，景与盆浑然一体。这种景盆式一般有两种造型形式。

①一种是采用天然成形的石盆，又称为云盆，主要选用钟乳石、芦管石、砂积石等石料，利用天然熔岩的石盆外形，稍作修饰，即成云盆。然后在盆中栽树布景，周围突出水面，似国画写意，巧拙互用，天然成趣；又恰如村间农舍，山乡田野，怡然成景（图4.10）。

②另一种不用浅口大理石盆，也不用天然云盆，而依树生长态势，以石绕树，树石相依，以石造景为盆，景盆结合相映互补，浑然一体。这种景盆树石结构是将多种树石结构的长处融为一体的一种创造。它是现代树石盆景造型基础之一，也是组合多变的单体造型之基础。运用这种景盆式单体造型多件景物，就可以在盆中进行组合变化，达到一景多变，多景随意。

2）全旱类

全旱类树石盆景所用材料和布局形式大致与水旱类树石盆景相同，它可以树木为主景，也有以山石为主景。盆中有山、有土、有坡，就是盆面中没有水面，全部为旱地。这是全旱类树石盆景与水旱类树石盆景的唯一不同之处。其造型布局的重点和技法是树木和山石在盆面土中的造型和布局，通过树木和山石及土坡的变化、组合及造型来表现旱地山石峰峦和自然树木的自然美和艺术美。相对于水旱类树石盆景来说，全旱类树石盆景的布局少了水岸线山石的处理，盆中盛土也多于水旱类，因而布局造型时的空间也大些，制作时相对容易。

全旱类树石盆景的布局形式，常见的有以下几种：

（1）主次式　盆中山石与土布满盆面，树木栽植于盆中，与山石相依作变化。树木多为数棵，分植于盆面两边，以一组为主，一组为次。主景部分的树木要多于副景部分的树木，山石的安置也同理，突出主景部分，在分量与体态上均明显超过副景部分（图4.11）。

图4.10　景盆式

图4.11　主次式

图4.12　附石式

（2）附石式　附石式树石盆景是指树木的根系裸露于石外，包附在山石的石缝或穿走在石穴中，树木根部沿山石缝隙或山石外壁深入土中，实际上也是树木提根、露根的一种形式。附石式树石盆景主要表现自然界依附于石而生或生于石顶、山崖上的老树景象，有"神龙凌空、龙爪抓石"之势，树相虚实相生，刚柔相济，古雅入画，意趣妙生（图4.12）。

制作附石式树石盆景要求所选树木根系健壮、发达，以利于将根系固定在山石上，使树木固定在山石一定的位置。一般可选用榔榆、小叶女贞、榕树、九里香、福建茶、五针松、真柏等植物。山石应选形态优美的硬石为好，硬质石料观赏性高，不易风化，是理想的附石式树石盆景首选石材。如没有理想的硬质石料，也可用软质石料制作。软质石料的优点是可以自然随意雕琢山石外形，易于树木生长发根，易于养护，但其阳刚之气远不如硬质石料。

附石式树石盆景重点应处理好树与石的相互依附关系，根系与山石的转折变化关系，整个线条应刚柔对比，形态宜巧拙互用。树木根系应紧紧贴在山石上舒展而生，使其看起来浑然一体，犹如天生，承担起繁茂的枝叶而具稳定感。树木为主，山石为次，树木为柔，山石为刚，树木宜精巧，山石为朴拙，树与石、石与根相辅相成，相得益彰，极富野趣。

（3）石上式　石上式树石盆景是将树木根系植于山石上的洞穴中，山石置于盆中土面上。它与附石式明显不同的是前者树木根系全部种植于石中洞穴之中，不露根系；而后者是将树木根系全部裸露在山石外面，根系附石而生。其实这两种形式都是树木利用山石作依附在盆中布局造景的一种形式。它可以是独棵树木栽于石上，也可以是多棵或成丛林式样栽植于石上。树木既可以栽植于山顶、山崖之上，也可以栽植于山腰山坡之中，至于如何栽植布置得宜，不应一概而论，应根据主题立意之需要，随机变化。

石上式树石盆景的山石选择应以软质石料中的芦管石、砂积石等为好，这些石料质地疏松，易于雕琢洞穴，便于树木栽植，加之其吸水性能好，也易于平时养护管理。如选用硬质石料，则必须先考虑所选用石料能否合理栽植树木，因为只有将树木安稳地栽植在合理的位置上，并能使之成活且生长良好（图4.13）。

（4）配石式　配石式树石盆景是指盆中树与石相配，树木栽植于土中，山石与之相配，多用于全景式之布局。一盆之中多用两棵以上同种或不同种树木合栽，并在树木土坡之中配石点缀，用以扩大景观，调节轻重均衡，使之疏密相间，聚散合理，远近有序，刚柔相济。这种形式既可以表现自然界二三成丛的树木景象，也可以表示出疏林、密林、寒林等不同景色，极富自然界山野幽林之野趣。如布局得法，山石林木配置布局得体，犹如一幅生动优美的中国山水画，虽由人工制作，宛如天然生成，自然趣味及艺术欣赏性都极高（图4.14）。

图4.13　石上式

配石式树石盆景与树木盆景中的丛林树木合栽式似有相同之处，它们都是以多棵树木合植于浅土盆中,不同的是前者在盆中配有较多的山石材料,而后者则不用一块山石或仅用少量山石。树石盆景配石式展现的既是茂密的丛林景象和幽深的密林效果,又有岗岭乱石草丛的山中野味。石为刚,树为柔,刚柔相济更添自然气息。

配石式树石盆景常用的树种很多,一般以枝密叶细、具有大树形态的为好,如榔榆、福建茶、小叶女贞、六月雪、虎刺、石榴、鸡爪槭、五针松等。石料以硬质石料为好,如宣石、英石、龟纹石等。

(5)风动式 全旱类风动式树石盆景的主景为盆中树木,而树木的枝条造型均为风动式,所有树枝都处理成被风吹成一边飘拂的姿态。山石作为配景,盆中没有水面,全为土面坡地,树木栽于土面上。根据造型主题需要,配置石头数块与土坡形成起伏变化的大地风吹树动景观(图4.15)。

图4.14 配石式   图4.15 风动式

(6)景观式 全旱类景观式树石盆景与水旱类景观式树石盆景的造型组合形式大体相同,盆中除了要有树木、山石外,还需要有在体量上占主要的各种景观配件,配件主要是房屋、亭台、拱桥、舟船、人物等。由于是全旱类树石盆景,故在盆面中不留一点水面,全部为土坡、山石和景观(图4.16)。

图4.16 景观式   图4.17 景盆式

(7)景盆式 全旱类景盆式树石盆景一般都选用天然成形的石盆,或选用一块完整的石板雕琢而成为盆,在盆中栽种树木,布置山石,不留水面,成为一件全旱类景盆式树石盆景。其主要特点是自然气息浓厚,由于盆中景物都安置于天然完美的自然石盆中,故而盆与景融合在一起,组成了一幅最具有天然成型成景的优美图画,使欣赏者有身临其境的感受。如布局造型得体,山石树木浑然一盆,则可达到"虽由人作,宛如天成"的境界(图4.17)。

任务实施

本次任务单个学生即可完成,所以可以不分组,但学生间可以讨论。具体完成任务可以按以下3步进行:

(1)领受任务 教师分配任务,先让学生明白需要完成任务的内容,让其知道树石盆景的表现形式。指导学生通过相关知识的学习可以完成以上任务。

(2)知识学习 学生明白任务后,学习知识点,了解树石盆景的概念、特点及其表现形式,并针对具体作品进行深入理解。

(3)完成任务 学生通过知识点学习,回答任务中的提问。教师进行点评并记录各位同学的表现及完成任务情况,给出综合评价等级或分数。

任务考核

每位同学独立完成任务,形成纸质作业或电子作业,有条件的可以做成PPT,每位同学准备汇报;指导教师根据学生任务完成的有效性、任务完成的态度、责任感及汇报的情况等进行综合评分(表4.1)。

表4.1 树石盆景基本形式的识别任务考核表

学习目标	评价标准	评价得分
理论知识 (20分)	树石盆景的概念、特点及其与树木盆景、山水盆景的区别与联系; 树石盆景的表现形式	
专业技能 (30分)	能对树石盆景与树桩盆景和山水盆景进行区别; 能理解树石盆景的表现形式	
任务完成 (30分)	纸质作业、PPT,任务问答的有效性	
学习态度 (20分)	完成任务的态度、责任感	
综合得分及评价:		

任务2 树石盆景的制作技艺

任务提出

通过以上对树石盆景特点及表现形式的学习,小李掌握了树石盆景的基本知识,现在他想尝试创作一件树石盆景作品,但不知如何入手,也不知制作什么形式的树石盆景。

根据以上情境,通过相关知识的学习,请完成以下任务:

根据个人及取材情况,任意选择一种表现形式,初步创作一件树石盆景。

任务分析

要创作一件树石盆景,首先要掌握树石盆景的创作程序,然后根据当地的石料与植物材料情况,以及自己的立意,尝试创作一件树石盆景。这样逐步地掌握树石盆景的创作技巧。

相关知识

树石盆景是山水与树木两类盆景相结合而成的一类盆景,它表现的内容中既有山水景观又有树木造型,故制作树石盆景必须掌握山水盆景和树木盆景的基本制作技术,两者缺一不可。树石盆景的创作要遵循自然之理、美学原理、透视原理等客观规律,其创作程序包括构思、布局、选材、用盆、技法。

1. 立意构思

盆景创作之前,均应先立意确定主题,即做一个总体的构思。立意构思是初步的设想,不一定是完全成熟、一成不变的,在制作过程中必然还会有所变动、有所调整。树石盆景本身就是表达"立意"的重要途径。树石盆景以其真实、集中、典型地映写自然山水之美为特点,山石、树木、流水尽在其中。"虽由人作,宛自天开"。然而,作为一种艺术,它的写真不是机械地搬抄自然,而必须是经过艺术家的再创造,表达出作者主观情思和理想的真实。盆中的一石一木、一山一水皆要使"望者息心,览者动色"。这使得欣赏者"息心""动色"的不仅仅是树石的外在形式,更主要的是通过这些盆中的景色表达作者的审美情趣和意境。为了更好地暗示出这种意境的本质,作者除了具体的造型之外,还必须汲取诗词等文学艺术的表现形式作辅助,如题名、背景题字、山石上的雕刻等。总之,盆景创作,意境应该是首位的。

树石盆景在具体的创作构思上,往往将所立之意境,先以简练的笔墨,以诗的形式作一概括,然后再仔细推敲每一个具体的布置,使之最适合诗意,犹如揣摩诗意作画一般。这要求作者"胸有丘壑",要"心中有数",这是前提。在具体创作方法上,因盆景素材的某些特殊性和局限性,有的是因材施艺,因景命题,这可以说是初级创作阶段;由初级阶段上升到高级创作阶段其关键在于立意为先,按意布景。在树石盆景创作构思上着重要求创意为先,只有先立意才能创造出美的意境来,因为意象是产生意境的先决条件。

自然与生活是一切艺术创作的源泉,树石盆景创作力求源于自然、高于自然,创造美的境界,突出主题。美的境界哪里来? 从自然生活中去吸收、去创造。那么作者一定要深入生活,体察生活,特别细心观察树附于石、石又依于树的互相依存的自然真实景观。还要探索大千世界的奇景异物变化万千的景象,以美学法则作指导,将大自然的景观高度概括提炼,去粗取精,通过艺术加工,使自然美与艺术美交融,从而反映社会生活和表达作者的思想感情。

2. 材料选择

当有了明确的总体构思后,就可着手准备材料,即挑选创作所需要的树木、山石、配件、青苔、盆钵等材料,这就如同山水盆景中的"依题选材"。在选材的过程中,或在制作期间可以根据树木的自然特点,来变换布局形式。调整创作主题,充分发挥材料的主要特点,得到恰当的运用,这就如同山水盆景中的"依材施艺"。选择的树木材料必须是服盆多年、生长旺盛强健的成型树木,因树木在树石盆景中是主要景观,十分醒目,观众第一眼欣赏的就是树木;如不够成熟,或存在各种缺陷,那做成的作品必定也是不成功的。所以选树木以具有大树形态、生长多年旺盛已成型、合乎自然、少有人工痕迹的为好。树形过分奇特、夸张的不宜选用。如树木盆景中典型的悬崖式、曲干式、枯峰式、提根式等。

选材时应注意树材整体效果的配合是否协调和融洽,因树石盆景中树木大多是两棵以上合栽,有些树材虽有着某些缺陷,但如果同其他树木合栽在一起时,可以起到互相弥补的作用,而显得较为自然,故不必过分追求其中每棵树木的完美形态。这种充分利用每棵树木的形态是树石盆景与一般树木盆景在选材上的不同之处。树木盆景讲究一棵独立的树形的完美形态,合栽式除外。树石盆景中的树木则可以多棵相互陪衬,也可以和山石组合,往往有些缺陷也可以在布景时加以掩饰。

水旱类树石盆景中选用的山石材料当以形态圆浑、纹理清晰,没有明显的棱角、硬角为好。因为水旱类树石盆景中的山石材料,主要用作坡脚、水岸线和土中点石,所以形态不宜太奇特。最好在纹理、形态、质地、色泽等特征上统一协调,并以能与盆中树木相配为原则。如用于全旱类树石盆景中的山石材料,那可以根据山水盆景的选石要求,根据作品主题需要,挑选具有各种"山"形的石料。并注意一件作品中所选的石料在石种、形态、色泽、纹理上的尽量协调一致,并能与盆中树木和谐融合在一起。树石盆景的材料选择不可能一次就完成,可以多次挑选。但制作前一定要多选用一些备用材料是保证作品得以顺利完成的前提之一。如原计划需要大小五棵树材的,就应该多选两三棵做备用替换。石头也是这样,必须多选一些,以便在制作过程中不断补充和调换,不至于因缺少某一材料而中断制作。

树石盆景的用盆也十分讲究,旱式树石可用紫砂盆、釉陶盆、瓷盆、云盆、水磨石盆、大理石盆。盆形以浅口为佳,能充分体现景物风貌。组合多变式和水旱式最好选用浅薄水底盆,常用的有汉白玉或雪花白大理石盆。盆里造"景",好似作画,盆就像白纸,能将"画"衬托得淋漓尽致。水底盆的形状以长方形或椭圆形最为常见,而且比较适用,盆形简洁、线条明快为好,一般长方形整齐大方,须用于表现雄伟的景象;椭圆形柔和优美,可用于表现秀丽的风光。此外为了体现景的深度还可以用正圆形和椭圆加宽形盆。

其实,立意构思与材料挑选是一个不可决然分开的过程,构思的同时往往开始动手挑选材料,而在挑选材料的同时又在不断充实完善新的构思,两者互为一体,直至开始动手加工创作。

3. 材料加工

经过精心挑选,符合创作主题之需要的树木和石头都已选定,这时就可以开始进行创作前的材料加工,使选出来的材料符合创作需要及要求,才能进入布局加工程序。否则,如果这些材料不进行事先的预加工,直接进行布局组合,肯定会出现许多问题,并会感到布局加工很难进行下去,这样往往费时费力,以致影响加工制作的进程。

1) 树木加工

树石盆景所选用的树木材料,可以幼树培育的为主,也可以从山野采挖,但都必须经过养护、加工、造型,使之初步成型以后方可选用。

树木加工一般以修剪为主,攀扎为辅,粗扎细剪,但松柏则较多采用攀扎,其他类树种以修剪为主。不管是修剪还是攀扎,都和树木盆景基本相同。

攀扎可分为棕丝扎法与金属丝扎法两种,但现在树木盆景造型中大都采用金属丝攀扎为主,棕丝扎法已很少采用。就是五针松等松柏类的造型,也只是在其弯曲粗枝时用一下棕丝攀扎,而加工细枝时都采用金属丝攀扎。金属丝攀扎的最大优点在于能比较自由地调整枝干的方向与曲直,通过金属丝攀扎后的枝条线条流畅、屈伸自如,比较自然。

在进行树石盆景造景时,还要根据总体布局的需要,再作进一步的修剪,去除多余部分,以达到树形符合树石盆景造景之需要。修剪时,应剪去平行枝、交叉枝、对生枝、重叠枝、轮生枝等影响美观的枝条,有些剪除,有些剪短,有些还可以通过攀扎进行调整。总之,要保留精华部分,去除多余、繁杂部分,以使树形美观,枝干苍劲、自然,结构趋于合理。

在多棵树木合栽时,如果每棵树木都很完整,而配在一起就不一定和谐,这时就应将两棵树木相靠拢一侧的大枝加以剪除,以求整体协调。为达到配置效果,要以全局为重,毫不手软,该剪则剪。就是在制作单棵树木成景的水旱盆景时,有时也应根据整体布局的需要,剪去一些主要大枝,这也是加工造型时水旱盆景同其他树木盆景的不同之处。

一般养护数年初步成型的树木,其根系均很茂盛,而水旱类树石盆景中栽种树木的地方往往很小,形状也不一定很规则,故在栽种树木之时,还要将根部做一些整理。先用竹签剔除部分旧土,再剪短过长的根,特别是向下生的粗根,以便顺利栽种。剔土与剪根的多少,应视盆中旱地部分的形状及大小而定,这样可以尽量少剔土和剪根,以利栽于盆中后尽快覆盆成活。

2) 山石加工

树石盆景中的山石材料加工,主要为切割,即将石料底部切割平整。当然有时在制作全旱类树石盆景时,由于石头直接可以放在盆中泥土中,石料底部如稍有不平整也可以省略切割这道工序。除了石料底部的切割平整之外,还有雕琢、打磨、拼接等其他加工方法。

在进行石料切割加工之前,可先把挑选出来的石料集中在一起,将石料逐一审视,反复观看,并根据总体构思需要考虑如何切割,切除石料的多余、无用部分,保留需要的精华部分。

水旱类树石盆景中的石料大多是用作坡岸和水面中作点石,还有远山陪衬,所以都需要将石料底部锯平,才能与盆面结合平整、自然。用以在旱地部分作点石的石料可以不作底部切割加工,但如果石料体量过大,也要切除不需要的部分。或将石料切割成两块,甚至多块。也可将过大的石料仅切取其需要的一小部分,来挑选其中的某块使用。

切割时,如石料外部形状不甚理想,可以先进行雕琢;通过人工雕凿,将石料形状加工成比较理想的形状。这种方法主要用在软石上。有时一些硬石也需要在切割前将山体形态、轮廓处理好，以免在切割后再加工使石料易破损而造成浪费，尤其是用作坡岸、点石的石头大多较薄，切割后再雕琢就很困难了。

雕琢方法同山水盆景基本相同，加工时可用手镐、凿子、废锯条等工具。参照中国山水画中的石形和皴纹，参照大自然山水形态特征和山体细部纹理的变化，做到"胸有丘壑"，才能加工出符合自然之理的山体脉络、纹理来。

除了必须进行雕琢加工外，还有一道加工程序，即将山石外部存有的残缺或棱角部分，采用打磨的方法，使其圆浑、自然，减少山石的人工痕迹。打磨可以用金刚砂轮片或水砂纸，先用砂粒较粗的砂轮片初步打磨，然后再用水砂纸带水细磨。

水旱类树石盆景中的坡石和点石一般都用一块或多块石头拼接成一个整体，故而山石加工时经常用到拼接法。拼接时宜大小石料搭配，一大一小，或几块在一起大小参差，以求得到理想的形态和适合的体量。拼接时要注意相连接的石料有整体感，所以石料的色泽要相同，石料的皴纹也要相近，使石料相接后气势连贯、浑然一体。

4. 布局过程

组合布局是树石盆景制作的重要步骤，必须仔细、认真，心态要平静，不能急躁，更不能怕麻烦。将树木与石料在盆中作反复比试、调整，遇到不合适的材料就要更换或者重新加工，直到认为将每棵树、每块石头都安排在恰当的位置，总体效果达到预期设想为止。

布局时应先安排树木，然后才是山石，因为树木大多是作为主要景物出现的，山石是起陪衬作用的。当然有时某一件作品中会以山石为主要景物出现，而树木则作陪衬，那就可以先安排山石布局。

有时树石的放置也可以相互穿插进行，一般先将树木放进盆中预想的位置，参照丛林式的布局，注意树木之间的高低、前后、疏密、穿插、呼应以及透视等关系，还有树木的朝向等。树木安置好以后，就可配置石头，用石头来做坡岸，以分开水面与旱地，然后做旱地点石，最后再做水面点石。虽然树木是主景，树木配置的好坏尤为重要，但坡岸的处理、加工旱地与水面的点石处理是否成功亦很重要，绝对不可马虎大意。

水旱类树石盆景中石头的布局主要是坡岸水岸线的安排，可参照山水盆景中的坡岸点石处理。所不同的是山水盆景中的坡岸是以山体为主景作填衬的，而树石盆景中的坡岸则以树木为主景，与土相连构成水景。

坡岸山石要有高低变化，远处、中间、近处要有起伏变化，不可成阶梯状。与水面接触的石头可做成斜坡状，尤其是最前面亲水的几块石头，也可以成陡坡直接接触水面。

另外石头要有大块、小块的搭配，不可以用在一起的石头大小厚薄都差不多，不然就不可能组成自然生动的坡岸，但要注意石头的色泽、纹理和形态要基本相同。

水旱类树石盆景还要在水面和旱地上安排点石，以形成点石与坡岸、水面与旱地的有机联系。千万不要忽略了水面中点石及旱地中点石的功能作用，它对树石盆景的整体造型以及作品的成功显得非常重要。水面上的点石可以与作坡岸的山石呼应，形成山转水活的动态效应；旱地中的点石可以对树木起到对应和衬托的作用，对地形地貌的变化尤为显得重要，土中有石，聚散得当，刚柔相济，阴阳协调，结合自然方衬托出树木景致的优美入画，方显出作品的自然和谐，引人入胜。

全旱类树石盆景在树木布局成功后，就可以直接在盆中土面上安排石块，也要有大有小，有聚有散,并注意与树木的合理搭配。有时树木材料的根部或其他枝条、主干有缺陷,也可以利用石料来掩盖和弥补。

树木和山石的位置布局全部安排妥定后,再作配件的选放。配件的安放位置要注意其合理性以及丈山、尺树、寸马、分人的比例关系,还有近大远小的透视原则。布局过程必须认真对待,常常要经过多次调整,对树木和山石材料,可能要进行多次加工,才能达到理想的效果。

当布局过程已初步完成后,即可用铅笔将主要景物的位置在盆上作记号,尤其要注意水岸线的位置,作准确的记录,对某些石块还可编上号码,以免胶合时搞错。或者将石块从盆中拿下来的时候,可按原在盆中的位置摆放,左边、右边、中间各自分开一边摆放。这样可在胶合时不致因一块石块搞错而破坏了原设计效果,以免无法顺利进行胶合。

5. 胶合栽种

水旱类树石盆景的布局工作完成后,即可着手石头胶合,将分隔水面和岸地的石头胶合固定在盆中,再盛土种植树木。也可以先把树木种植在盆中,以确定其大概位置,然后再胶合石头,最后将土填实,以固定树木的栽种位置。何为先,何为后,可视作者加工方便来定,并没有固定的模式。

全旱类树石盆景则可省去胶合用以分隔水面与岸地的石头。但有些主要山石仍需事先加以胶合固定,以免以后在搬运过程中挪动,尤其是在长途运输途中,如不加以胶合固定,极易出现松动和移位现象,甚至出现石料颠翻情况而使作品损坏。一般可先将盆中主要山石作胶合固定,然后在盆中填土,进行树木栽种。

1)胶合石头

山石胶合与山水盆景山石的胶合相同。唯一不同的是山水盆景中的山石胶合必须在山石下面垫纸,以免山石同盆面胶合在一起;而水旱类树石盆景中的山石则必须完全胶合在盆面上,使旱地与水面截然分开,使盆面中的水不至于进入旱地盛土部分而影响树木生长,而旱地部分的泥土也不能进入水中而使水面污染,弄脏盆面。

为使石头拼接处更加吻合,要把石头表面清洗干净。然后开始把石头胶合在盆中原先定好的位置上,用水泥将每块石头的底部抹满,要注意石块与盆面的紧密结合和石块之间的结合,以免出现漏水现象,可以将作旱地的一面多抹些水泥,并作检查,如发现漏水,及时补上水泥。检查可在水泥干后,在盆中的另一面放水,来观察是否有漏水现象。

如水泥漏在石头外面,要及时用小毛笔或小刷子蘸水刷净漏出的水泥,保持石头外面和盆面的清洁。如选用的是软石类石头作坡岸,则必须在近土的一面抹满厚厚的一层水泥,可以防止水的渗漏。

胶合时宜选用高标号水泥,用水调和均匀后即调即用。为了增加胶合强度,一般都要加入一种增加水泥强度的掺和剂107胶水,也可以107胶水为主,适量加些水。在调拌水泥时可加入各种深浅的水溶性颜料,以尽量使水泥的颜色与石头相似。

2)栽植树木

石头胶合后,待水泥干透,就可以栽种树木了。栽前先把树木的根系适当加以整理,根据盆中土面部分大小,剪除一些过多过长的根系,去除一些旧土,尤其是向下生长的长根,应将其剪短。按照原先布局的栽种位置,并使其中的每棵树都栽在恰当的位置。

由于树石盆景的树木一般都是栽在极浅的大理石盆中,树木四周用土也不多,这样有可能使栽下的树木产生不稳的现象,偏离创作设计要求,出现树木歪倒倾斜的情况。为避免这种现象的出现,可选用金属丝数根,用强力胶水将其胶合在盆面,即需要栽植树木的地方。这样可以在树木栽下后,用金属丝收紧固定树木的根部,使树木稳稳种植在盆中不致摇动,然后用泥土覆盖树木根部时将金属丝掩盖,不让其露出。

栽种树木之前,可先在盆面上铺一层较浅薄的土,如果盆钵上有排水孔,则还需在排水孔上垫一块塑料纱网,以免漏掉盆土。树木栽种位置确定之后,就可按事先筛好的中粒土和细粒土放入盆中,填进根部的间隙,用细竹筌把土与根部揿实,但不可将土压得太紧,只要无大的空隙即可,以便于透气,利于植物生长。

当栽种的树木全部栽植好后,即要作一番观察,看看是否整体协调,是否达到原先设计布局的要求,如觉得不合适或不满意,还可做改动。在确定都无大问题后,才可用土将旱地部分全部填满。然后用喷雾器在土表面喷水,不必过于喷透,以固定表层土面。如是石上式树石盆景,那栽种树木的工作是在石上进行。先把需要栽种树木的石头进行开洞处理,如是软石类石头就较为容易开凿石洞。可用凿子雕琢,洞口宜小,洞里宜大,并留下出水口,以利于树木生长。如是硬石类,不易开凿洞口,那就必须先挑选好具有天然洞穴的山石,如果没有,那只好在布局时用石料拼接时特意留出一定的空隙和"山洞",才可以将树木栽上。

6. 整理配置

1)处理地形

将树木栽好之后,可在旱地土面上做地形处理。水旱类树石盆景中的土面部分一般都占盆面的1/2多,如不作地形地貌处理,土面成平板一块,或呈半圆形一块均达不到最佳效果。所以地形应起伏变化为好,这样方符合自然界地貌要求。全旱类树石盆景中由于盆面全部为盆土和山石,故地形处理显得更为重要。

树石盆景的一大特点就是作品盆面一般都有大小山石配置,也叫做"点石"。在处理盆面地形时,可结合点石的安置一起进行,土面起伏上下如没有点石安置在其中,也就缺少了刚与柔的变化。土中有了点石,则盆面地形就有了生机,有了变化,效果也就大不一样了。故树石盆景中盆面点石安置是地形处理时必不可少的一步,必须加以重视。

盆面上的石头必须与土层紧密结合在一起,放置石头时可以用力将石揿实,周边要用细土围上,给人有石的生根稳固感,不可将石"悬浮"在土面上。

全旱类树石盆景中的大块山石或主要山石,往往可以在没有盛土之前就在盆中安置好,并为了不使其移动,还要和盆面作胶合固定。然后盛土于盆中,结合小的点石做盆面地形处理。

2)放置配件

配件在树石盆景中作用很大,它可以丰富内容,增加生活气息,有时甚至在作品中起着不可或缺的作用,它可以用来点明主题,让作者围绕它来做文章。也可以令欣赏者通过它来发挥想象的余地,使作品产生意境。

盆中的配件放放,宜固定在石坡或旱地部分的点石上,也可以在旱地上需要放置配件的地方埋进石块,用以固定配件。如果是舟楫、拱桥之类的配件,可直接将其固定在盆面上;如果是石板桥,可将其搭在两边的坡石上;如果是渔翁垂钓,则可将其放在临水的平坡上;如果是下棋读书、吹箫等多种形态人物,则宜放在树荫下为好。

除了一些通常所用的配件之外,还可以自己动手,或者选用一些现代生活气息较浓的符合现代生活规律的配件,用来创作具有现代创新意识的作品。如贺淦荪大师的另一件树石盆景作品《前程似锦》,采用的配件除了高楼大厦之外,还有两辆小客车在一条平坦的大道上奔驰,大道的前面是城市的标志建筑——高楼大厦,大道两旁栽以绿色成片的行道树,作品展示我们的祖国前程似锦。由于作品选用了现代的交通工具小客车,使人一目了然就知道作者的创作主题。

配件的安置一般都用胶水将其固定在石头或盆面上,但有时为了避免损坏,也可不作固定胶合,只是在展出时或供欣赏时才放在盆面上。

3) 审视整理

配件安放好以后,作品的制作过程已基本完成。这时可以放松一下心情,仔细对作品进行审视,挑出作品中存在的问题,以作最后的修改。

首先要观看作品的整体效果,通过对盆景作仔细审视后,总能发觉一些疏漏之处,可及时予以改进。随后再对树木作一次细致的修剪,或对树木的枝片作一些细小的调整,直至感到满意为止。这时如审视修改工作结束,即可将盆中树木、石头、盆面全部清洗干净,将盆土上的杂叶废物拣清,用喷雾器全面喷上水,再进行最后一道工序,给盆土表面铺种苔藓工作。

4) 铺种苔藓

树石盆景与树木盆景有所不同,它的盆土较少、较浅,如不在盆土上铺以青苔,一来盆面缺少绿色,色彩不艳;二来盆土容易干燥,加之浇水时盆土容易流失,所以树石盆景的盆面上必须铺以苔藓,它是树石盆景中不可缺少的一部分,它可以保持水土、丰富色彩。通过苔藓的铺垫,使盆中的树与土连成一体,增加自然的生活气息。除此之外,苔藓还可以作为草地和灌木丛来表现。

苔藓的种类较多,在铺设苔藓时,最好以一种为主,适当再少配些其他种类,使盆面上展现的草地、灌木景象更为自然逼真,以达到既有统一,又有变化。

为使苔藓易于和土紧密结合在一起,在铺种之前,先要在裸露的土面上喷水,使盆土湿润;然后把苔藓撕成小块,细心将其铺上,用手轻轻揿上几下,让苔藓与土结合。铺时要注意苔藓与苔藓不可重叠,也不可铺到盆边沿上。另外,苔藓与树木根部结合处不宜全部铺满,应呈交错状;苔藓与石头结合处不宜呈直线,也应呈交错状。苔藓全部铺种完毕后,用喷雾器再喷一次水,不宜喷多,让苔藓吸上水即可。

7. 树石盆景制作实例

树石盆景的制作,其重点是树、石的巧妙融合与搭配,盆中树、石要相得益彰。下面以水旱类岛屿式树石盆景为例,介绍树石盆景的制作过程(图4.18)(摘自《树石盆景制作与欣赏》,林鸿鑫等,2004年)。

①依据立意与布局,从中选出需要的石头(①)。
②准备好树木、苔藓和配件等(②—④)。
③用切割机将石头底部切平,切割好石头(⑤)。
④用石头做好岛屿状坡岸(⑥)。
⑤将树木从盆中脱出(⑦)。
⑥用竹签剔去部分旧土(⑧)。
⑦剪除过多、过长的根系(⑨)。

⑧石头中间作树姿调整（⑩）。

⑨待树姿确认好以后就可以将石头胶合固定（⑪）。

⑩重新将树木植入坡岸中间（⑫）。

⑪填土栽种，用竹签将土填实、压紧（⑬）。

⑫在土面上全部铺种苔藓（⑭）。

⑬放上配件垂钓渔翁和茅屋（⑮）。

⑭经修剪后完成的作品（⑯）。

①依据构图选择石材

②准备树木

③准备配件

④准备苔藓

⑤石材切割

⑥做好岛屿状坡岸

⑦树木脱盆

⑧剔去旧土

⑨修根

⑩树木调姿

⑪胶合固定

⑫重新植树

⑬填土栽植　　　　　　　　　　⑭铺种苔藓

⑮配置配件　　　　　　　　　⑯修整树枝完成制作

图4.18　树石盆景制作过程

任务实施

　　本次任务分组完成,学生间及小组间可以进行讨论。具体完成任务可以按以下3步进行:

　　(1)领受任务　教师分配任务,先让学生明白需要完成任务的内容,让其知道需要从知识点中学习,逐步训练掌握树石盆景的制作技巧。指导学生掌握树石盆景制作的关键点,完成以上任务。

　　(2)知识学习　学生明白任务后,学习知识点,通过教师示范、指导,训练树石盆景立意构思、材料选材、布局过程、材料加工、胶合栽植、整理配置等技艺。

　　(3)完成任务　学生通过知识点学习及技能的训练,创作一件树石盆景作品。教师进行点评及记录各位同学的表现及完成任务情况。

任务考核

每位同学独立完成任务,形成纸质作业或电子作业,有条件的可以做成PPT,每位同学准备汇报;指导教师根据学生任务完成的有效性、任务完成的态度、责任感及汇报的情况等进行综合评分(表4.2)。

表4.2　树石盆景的制作技艺考核表

学习目标	评价标准	评价得分(百分制)
理论知识(20分)	树石盆景的立意构思、材料选材、布局过程、材料加工、胶合栽植、整理配置	
专业技能(30分)	能初步应用材料加工、胶合栽植、整理配置等技艺,制作一件树石盆景	
任务完成(30分)	树石盆景作品构图及实物作品	
学习态度(20分)	完成任务的态度、责任感	
综合评价及建议:		

[作品鉴赏]

树石盆景《古木清池》鉴赏

作者:赵庆泉;树种:榔榆;石种:龟纹石;盆长:140 cm。

《古木清池》在构思布局上,着重强调了主景树的表现和塑造。其根裸露,自然有力,仿佛历尽沧桑,饱经风吹雨打,它支撑着粗壮古老的躯干,欹侧天空,顶端微微昂起,一侧枝坚实有力地飘向地面,与水相映。根盘虽坐落右侧,树冠却随主干的倾斜而充斥左侧大部分空间。作者别出心裁地在主景树根部右侧稍后,置一块体量较大的点石,并在根右侧栽植次景树且作右倾状,缓解了主景树重心不稳之感,以达奇中见安。

在对树丛的整体布局及塑造上,近树欹侧高耸,古老而粗大,且动感明显,并在其中部留出一个小枝托,使主干露中有藏石的选材与布局,与以往的水旱盆景作品同中有异。旱地点石多有棱角,聚散、露藏和大小均富有变化,符合自然之理。在对树冠枝叶的艺术处理上,很注重疏密和虚实,使枝干适当裸露,以显树木苍古之态,同时较为通透的枝可给人以秋的联想(图4.19)。

图 4.19   赵庆泉作品《古木清池》

[技能实训]

选择一幅树石盆景佳作模仿制作,然后各小组进行讨论,试比较各小组仿作的情况,以及比较原作品与仿作品的异同及创新。

[思考讨论]

(1)讨论树石盆景与树桩盆景和山水盆景的区别与联系。

(2)讨论树石盆景创作的关键点及经验。

项目 5 山水盆景的制作

[学习目标]

知识目标：

(1)了解山水盆景山水形貌及山水盆景的类型；

(2)掌握山水盆景的立意、选石、锯截、雕琢、组合、胶合、配置等制作程序。

能力目标：

(1)能分析自然山水形貌和皴纹，山水盆景的类型、材料及布局；

(2)能选石、锯截、雕琢、组合、胶合、植物配置等，初步制作山水盆景。

[项目分析]

山水盆景是在浅口盆中，以山石和水为主要原料，再配以草木、人物或其他装饰品，模仿壮丽雄伟的自然景色，构成立体的山水画面。山水盆景是主要的盆景类型之一，在我国各地各具特色。本项目主要在了解山水盆景基础知识之上，逐步掌握山水盆景的制作技艺。本项目的重点与难点是山水盆景的立意、布局以及具体的制作技艺。

任务 1　山水形貌及山水盆景类型的识别

 任务提出

依据图 5.1 所展示的山水盆景形貌，识别图中的主峰、次峰、配峰以及其他主要的山水形貌名称。

图5.1　山水形貌

 任务分析

　　山水盆景顾名思义取景于山水名胜,为此要制作山水盆景,就要了解山形地貌、各种自然风光。先了解有关山形地貌的特征与名称,然后在具体盆景的整体中识别各局部名称。这样为后面的山水盆景布局构图奠定基础。

 相关知识

微课

1.山水形貌的概念

　　山水盆景移天缩地,以名胜古迹、名山大川、秀丽的自然风光为创作的素材。有关山水形貌的概念主要如下:

　　(1)山　由于地质变迁而在地面形成高耸的部分,就叫做山。

　　(2)水　水泛指小溪、江、河、湖、海、洋。

　　(3)山岳　高大的山、占地广阔,下面有很多小山簇拥,称为山岳。山岳可分为山顶、山坡、山麓3部分。

　　①山顶:山顶是山岳的最高部分。根据其形态又分为尖顶、圆顶、平顶。

　　②山坡:川岳中间部分称山坡(也可说是山顶和山脚之间部分)。根据山坡的形态又有平坡、凸状坡、凹状坡、梯状坡等。

　　③山麓:山岳最下一部分,亦称山脚。是山坡下部伸向平原或水面的部分。

　　(4)山峰　山最高最突出的部分称山峰。根据高度,山峰又有主峰、次峰、配峰之分。

　　①主峰:主峰超众而立,高度为全组山峰之首。在山水盆景中以其高大奇特峥嵘取胜。

②次峰:高度仅次于主峰的山峰。在制作山水盆景中,有的将次峰和主峰隔水而立,呈对峙之势,有的将次峰置于主峰旁边,其目的都是为了衬托主峰,使山势更加优美。

③配峰:在一件山水盆景中,除主峰、次峰之外的山峰,统称配峰。在制作山水盆景时常将配峰置于主峰、次峰周围或放置水面比较宽广之处。诸多配峰应高低不齐、形态有所变化为好。

(5)山峦　连绵的山称为山峦。在山水盆景中,一般高者称山,矮者称峦,并有"山无峰不美、峰无峦不壮、峦无起伏不真"之说。故盆景中的山峦应高低不一,才显真实。

(6)山脊　两个山坡顶部相交形成"脊"。脊与山顶部紧密相连,起着江河分水岭的作用。

(7)山岗　山岗指较低而平的山脊。

(8)山崖　山崖指山的陡立的侧面。

(9)悬崖　悬崖即山崖突出、临空高挂之处。

(10)山谷　两山之间低凹处为山谷。在山水盆景中,山谷常能造成幽深的意境,山谷要隐隐约约,方显意境深远。

(11)山洞　山洞即山体上的洞穴。自然山洞的形成,一是由于山石溶解,二是由于地质陷落。山洞变化多而复杂,有明洞、暗洞、临水洞之别。

(12)瀑布　瀑布指从河床纵断面陡坡或山崖处倾泻下来的水流,远远望看好似挂着的白布。

(13)沙丘　沙丘即在沙漠中,由于风吹而堆积成的沙堆。

(14)风蚀岩　风蚀岩指沙漠中一些直立地面的岩石,经过长期风沙吹打磨蚀,质地较软部分磨蚀比质地较硬部分快,石面呈现凸凹不平状,好似千层石的纹理。

(15)岛　岛指海洋里被水环绕,面积比大陆小的陆地,也指江、河、湖泊中被水环绕的陆地。

(16)屿　小岛为屿。

(17)渚　水中间刚刚露出水面的小块陆地。

(18)矶　江、河、湖泊边突出的小山崖。

上述山水形貌是制作山水盆景必须了解的知识。但光了解这些概念还是不够的,还必须多观察真山、真水,多观摩山水盆景和山水画,不断增加自己的感性知识。如果能在自己的头脑中"储存"大量奇峰怪石之图、名山大川之景,在创作山水盆景时,便会得心应手,见石生情,随机应变。大自然中的山山水水姿态各异、气象万千。人们常用泰山之雄、华山之险、黄山之变、漓江山色来形容祖国山河之雄伟秀丽。这些名山大川的壮丽景色,是创作山水盆景的好素材。

2. 山水盆景的类型

山水盆景经过1 000余年漫长时间的发展,现形态多样,款式繁多,所用材料、加工技艺、布局造型等方面也多种多样。现在人们习惯以山水盆景的盆长为依据,把山水盆景分为五型:微型15 cm以下;小型15～40 cm;中型41～80 cm;大型81～150 cm;巨型151 cm以上。

山水盆景根据用材、造型、表现内容和培育养护方法等的不同,传统分类上把山水盆景分为水盆盆景、旱盆盆景、水旱盆景及其他形式的四大类。而水旱盆景与树石盆景有交叉,易混淆,这里把水旱盆景归到树石盆景予以介绍。

1)水盆盆景的形式

水盆盆景是山水盆景中最常见的一种类型。它以山石为主体,盆面盛水无土,常在山石上栽种小草木,在盆面或山石上点缀配件,以表现名山、大川、湖、河、江、海、洋有山有水的风光。水盆盆景依据布局造型等的不同,又分为以下形式。

(1)孤峰式　又称独峰式、独秀式(图5.2)。盆内一般只放一块经过艺术加工形态优美、雄伟高大的山峰。如感到一块高大的山峰单调,可用2~3块矮小的山石,放置盆内适当位置上为衬石。但衬石和独峰山石大小要相差悬殊。独峰式盆景常用椭圆形、正圆形浅口盆,也有用长方形盆钵的,但长方形盆钵方角的处理比椭圆形盆难。山峰不要置于盆中央,不偏左侧即偏右侧,但也不要把山峰贴在盆沿上。如把峰峦放置靠盆的一端,另一端盆面显得太虚,可在此端摆放几只小舟,也可放置几块小山石,以达到虚实相宜的效果。

独峰式盆景所表现的景物多为近景,所以有人又称其为"近景式"。观赏这种盆景时,常感到景物很近,山势高大挺拔,山石的纹理、青苔、草木及各种配件清晰可见,一目了然。

(2)双峰式　顾名思义,双峰式山水盆景有两个山峰,两个山峰应一高一低,一主一客(图5.3)。常见的双峰式山水盆景有"瘦高型"和"雄状型"两种。"瘦高型"的主峰高度是盆长的75%以上,山峰高耸险峻,大有刺破青天之势,给观赏者以高大挺拔的阳刚之美。因为双峰式瘦高型的山峰都挺拔直立,阳性美有余,柔性美不足,所以要在山峰中下部栽种树木,树木枝条或横或斜伸出山峰,打破山峰过长的直线,使景物外形轮廓增添了曲线,也就达到刚中有柔的目的。双峰式雄壮型盆景,山峰比较粗壮而矮,主峰高度一般是盆长的60%左右,两个山峰要有高低之别。观看这种盆景给人以稳健敦实之感。这种款式的盆景,常在比较显眼之处点缀亭、塔或人物小配件,以衬托出山峰的高大雄伟。

图5.2　孤峰式

图5.3　双峰式

(3)偏重式　偏重式是山水盆景中最常见的款式之一(图5.4)。盆中峰峦分为两组:一组峰峦比较高大,峭壁耸立,是盆景的主体(主景);另一组峰峦比较矮小低平,是盆景的客体(客景)。两组峰峦的形态要有所变化,切忌大小、高低相似。按重量来讲,两组峰峦差别较大,所以人们习惯称该种形式的盆景为偏重式。偏重式山水盆景按两组峰峦在盆钵中的位置来分,又有两种形式:

①主景组峰峦置于盆的一端盆钵中轴线的位置上,客景组峰峦置于盆的另一端适当靠盆前沿的位置上;

②主景组峰峦置于盆钵一端中央适当靠盆后沿的位置,客景组峰峦置于盆钵另一端靠近盆后沿的位置上。在布局造型时,切忌把两组峰峦置于和盆边相平行的一条直线上。

偏重式清秀型的山峰一般都挺拔直立,峰高是盆长的60%左右。如感到两组山峰画面不够完善,可再摆放上第三组山石。第三组山石比客景组山石更小,山石常竖用。第三组山石常布置在主景组山石旁,客景组山石与第三组山石之间仍有广阔的水面。

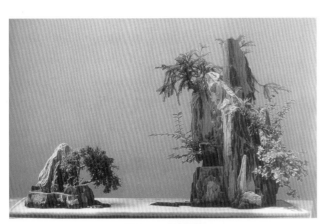 

图5.4 偏重式   图5.5 深远式

(4)深远式 又称全景式(图5.5),它把近、中、远三景浑然一体地置于一盆之中;深远式又称开合式,创作时把近景、中景各置盆钵一端,远山峰峦虽不高,但相当宽,山石常横用。从远处望去,中景、近景中间空白的水面被远山连接起来,所以称开合式。三组山石在盆中的位置切忌呈等边三角形,远山不靠近中景组峰峦,就靠近近景组峰峦。若在中、近景峰峦之中,显得呆板而不自然。

宋代著名画家郭熙在《山水训》中曰:"自山前而窥山后,谓之深远。""深远之意重叠。"也就是说,从山的前面峡谷间观望山后的景物称深远。深远中的景物繁多,层次重叠。观看这种盆景给人一种"山重水复疑无路,柳暗花明又一村"的感受。深远式盆用盆比偏重式要宽,长宽之比以2:1为好。也就是说50 cm长的盆钵宽在25 cm左右,盆钵比较宽,几组山石间距才能前后拉开。

(5)平远式 我国山水画论中有"自近山而望远山,谓之平远"。平远景致的意境淡漠而微茫,隐隐约约。平远式山水盆景的峰峦都不高,主峰高一般是盆长的1/5左右,有了主峰的高度其他峰峦高度也就易于掌握了(图5.6)。平远式山水盆景常用来表现水域宽广的江南风光、鱼米之乡的景致。

图5.6 平远式

因为平远式山水盆景的峰峦低矮,如在其上栽种树木,山石与树木也难以成恰当比例。所以平远式山水盆景常用有树木形态的草本植物,如芝麻草或青苔来绿化山景。在平远式山水盆景中点缀配件,常用的是小舟。

图5.7　高远式

(6)高远式　古代山水画论中有关高远的论述:"自山下而仰山巅,谓之高远。""高远之势突兀"(突兀即山峰高耸险峻)。高远式山水盆景常用来表现崇山峻岭、悬崖陡壁、群山巍峨的风光(图5.7)。

高远式山水盆景的山峰都比较高,尤其是主峰更应高大雄伟,主峰高一般是盆长的70%左右。为了达到上下呼应的艺术效果,常在峰峦下部制造平台,在平台上摆放小亭、茅屋等配件,如在高耸主峰山脚的适当部位放置水榭,能增添生活气息。为了日后栽种草木,布局造型胶合时应造出洞穴备用。

(7)群峰式　群峰式又称群山式,一件盆景由3组以上峰峦组成(图5.8)。由于峰峦较多,根据要表现的主题不同,可以组合成多种样式,所以又称组合式。群峰式盆景中峰峦虽多,亦应有主峰、次峰、配峰之分,尤其是主峰一定要在高度和姿态上超过其他峰峦。一件盆景不论什么款式,其成败的关键在主峰的优劣,当然次峰、配峰也不是可有可无的,只是在盆景中的作用没有主峰那么重要。

有的群峰式盆景布局造型,把主峰置于盆钵一端适当靠盆后沿的位置;把次峰置于盆钵另一端靠盆前沿的位置上;配峰中最大的一组山石置于盆中央适当靠后的位置;再在主峰、次峰、最大的配峰周围摆放一些小山石,即成群峰式山水盆景。群峰式盆景的布局造型也是千变万化的。

图5.8　群峰式

(8)散置式　散置式山水盆景的造型比偏重式、深远式等款式的盆景要灵活得多(图5.9)。常见的散置式盆景的形式有3种。

①次峰是主峰高的3/5左右,在深远式山水盆景的基础上加以改造,把次峰适当向后移动,但不可与主峰在一条直线上。在主、次峰前面以及主、次峰之间,摆几块比次峰还矮的山

图5.9 散置式

石即可。

②有两块不同高度但都有一定姿色的山石为主峰和次峰,主、次峰的距离要近些,主峰置盆中央、次峰置盆右端,在盆的左端以及主、次峰周围放置一些小山石即成散置式盆景。

③把比较高大的主峰置于盆中央,盆的左侧放置次峰,盆的右侧放置第三高度的一组峰峦。在其他位置再摆放几块小山石。绿化后进行点缀,在次峰顶部放置一个小塔,在主、次峰之间水面摆放一个拱形桥,主峰前点缀3只间距不等的小舟。

(9)倾斜式 倾斜式山水盆景的造型,其共同的特点是主峰都有一定倾斜(图5.10)。常见的倾斜式山水盆景的造型又分为两种。

图5.10 倾斜式

①盆中所有峰峦都朝一个方向倾斜,具有较强的动势。主峰都比较高大雄伟,其布局有的似偏重式,有的似散置式。制作倾斜式山水盆景时,要注意各个峰峦倾斜的角度要和主峰保持一致,而且倾斜的角度不可过大或过小。若倾斜度过大给人以要倒而不稳感;若倾斜度过小,动感的效果差。一般来说,主峰的中心线和盆面夹角以45°左右为好。

②主峰倾斜,隔江的客体直立。在这种形式的盆景中,一般客体高仅是主峰高的1/4左右。如果客体较高而且直立,这样的盆景就不伦不类了。

制作倾斜式盆景可以用硬石,也可以用软石或代用品,用材不拘一格。倾斜式山水盆景常用长方形或椭圆形大理石浅口盆。

(10)峡谷式 峡谷式山水盆景用来表现自然界中江河经过深而狭窄的山谷时两旁峭壁耸立的景色(图5.11)。如长江三峡两岸悬崖陡壁挺拔险峻,江水气势磅礴,有一泻千里之势。

图 5.11　峡谷式

峡谷式山水盆景造型多用二组峰峦相峙中间夹一江河的布局。两组山峰呈奇峰突起、高峻雄伟之势，主峰、次峰中间形成峡谷，两组山峰适当近些为宜，相距太远，就无峡谷的气势了。两组山峰要有主、次之分，外形亦应有所变化为好，接近盆钵前沿的两组山峰（也就是峡谷的前口）要适当矮些方显自然。峡谷中的水道要有一定弯曲，水道笔直缺乏含蓄之意，也难以引起人们的遐想。若在水道中点缀几只小舟，若隐若现，静中有动，无声胜有声。峡谷中的水道要近宽远窄，弯曲而无尽头，才符合透视原理，盆景的意境更加深邃。

（11）悬崖式　悬崖式山水盆景是表现自然界悬崖绝壁、挺拔险峻、峭壁耸立之景色（图5.12）。盆景艺术家在创作过程中又把自然景致加以概括、提炼、升华，所以创作出的悬崖式盆景比自然景致更优美、更理想。

图 5.12　悬崖式

悬崖式山水盆景是最具有动势的造型之一。主峰上部要伸出景物中下部中心线外相当大一部分，才能显示出悬崖的风韵，这就造成景物重心的不稳。如果过于求稳又没有挺拔险峻之景色。险与稳是对立的，但又统一存在于一件盆景之中。悬崖式山水盆景常采用 2～3 组峰峦组成一件盆景。

（12）洞空式　洞空式山水盆景，是把自然界中的山洞夸张、变形、艺术化的一种盆景形式（图5.13）。好似在山体中央开了一个大窗户，观赏者的视线通过其洞窗可以看到山峰背面的景物。

造型时要注意 3 点：

①洞窗要适当的大些，如洞太小，观赏者的视线将受到影响，看不清山峰背后的景物；

②洞窗基本在山峰的中央部分，可适当地靠左或靠右，但不能离山峰中心太远，一般而言，洞窗上部应是主峰顶部；

③洞窗应加工呈不规则形，切忌呈圆形或正方形，否则显得造作而不自然。并且，造型时都要留出日后栽种草木的洞穴。

图5.13 洞空式

有洞的山实际上是近景,洞的后面有的放置远山,有的放置塔、亭、小舟作远景,这样的布局能增加景物的前后层次,也增加了山洞的幽深感。一件盆景山石上做1~2个洞即可,山洞太多,显得景物支离破碎反而不美。

(13)象形式 盆景的创作源于自然又高于自然,源于生活又高于生活。盆景艺术家创作出的象形式山水盆景,也不是闭门造车,而是根据自然界中的原形经过提炼、升华、艺术加工而创作出来的,它比自然界中原形更理想、更优美(图5.14)。

图5.14 象形式(母子情)

象形式山水盆景,并非越逼真越好,正如著名画家齐白石先生所说:"作画妙在似与不似之间,太似为媚俗,不似为欺世。"就是这个道理。太像了观赏者就没有想象的余地,让人感到俗气。象形式山水盆景不可过多,在众多款式山水盆景中起到点缀作用而已,使山水盆景的形式更加丰富多彩。

(14)联体式 联体式山水盆景与前面讲述的盆景有相同之处,也有不同之点,相同之处不再赘述,下面说一下不同之点:

①联体式山水盆景中的峰峦从观赏面看是连在一起的,而没有被水面分隔成几组;

②联体式盆景中的主峰可以在盆钵中央,也可以靠盆钵的一端;

③联体式山水盆景,山石占盆面比重较大,约占盆面70%,水面较小约占盆面30%(图5.15)。

在造型胶合联体式山水盆景时,考虑到日后搬动运输方便,造型满意后胶合时,在适当部位在山石间放牛皮纸或塑料布,把整个景物分成2~3组,以后展出观赏时把几组山峰按设计紧密

图5.15　联体式

组合在一起,只要制作巧妙,就不会影响观赏效果。观赏联体式山水盆景给人们以峰峦叠嶂之感受。

图5.16　瀑布式

（15）瀑布式　瀑布是从河床纵断面陡坡或山崖处倾泻下来的水流,远远望去好似挂在河床上空的白布。瀑布在山水画中也是一笔重彩,很多山水名画都有瀑布。唐代大诗人李白写有《望庐山瀑布》的诗:"日照香炉生紫烟,遥看瀑布挂前川。飞流直下三千尺,疑是银河落九天。"

这种盆景用盆比普通山水盆景用盆要深,根据盆的大小不同,盆深一般在5～8 cm,盆深方能多盛水。观赏瀑布式山水盆景,常引起人们的遐想,真是别有韵味(图5.16)。

（16）赏石式　有的山石古雅奇特,耐人寻味,但它又不像何物、何景(图5.17)。制作赏石式盆景重点是选石,如能挑选到上乘山石,制作起来省力省时,观赏效果还好。

图5.17　赏石式

赏石式盆景的配盆很讲究,要根据奇石的形态、色泽、大小配一个深浅、大小、色泽、款式适宜的盆钵。

2）旱盆盆景的形式

将山石、草木置于较浅的盆钵之中,盆中有土无水,表现无水的自然山景,称为旱盆盆景。旱盆盆景又称旱石盆景。旱盆盆景根据立意、构图、用材和制作方法的不同,又有表现沙漠风光的沙漠盆景、表现草原牧场景色的盆景等。

（1）沙漠盆景 盆景是自然风光的艺术再现。我国以及世界上沙漠都占有比较大的面积，盆景爱好者经过深思熟虑之后，把沙漠风光用盆景的形式呈现在人们的面前，激励人们向沙漠进军，变沙漠为良田。

沙漠盆景宜用浅盆，常见的布局是偏重式，常用的石料为千层石。把大小、形态不同的两组山石分置盆钵左右两侧，在盆中间适当靠后的盆面进行地貌处理，搞成沙丘状，再近大远小地点缀几只骆驼。骆驼是沙漠中最大的动物，也是一种力量的表现，它任重而道远、坚韧不拔的精神给人们以启迪。这样的盆景常题名为"沙漠驼铃"或"丝绸之路"（图5.18）。

图5.18 沙漠盆景

沙漠盆景还有另一种造型。在盆钵的右端摆放一组较大的山石，在盆钵的另一端制作一"湖泊"。用一块大小适宜的椭圆形或方形玻璃，在玻璃上涂一层浅绿色油漆，把油漆面向下，把四周边缘埋入沙子中好似湖泊，在湖泊周边插上绿色麻丝为草地，在草地上疏密不等摆放一些大1.5 cm左右的白色小羊配件，除山石和湖泊、草地之外的盆面上都放一层沙子，并制成好似风吹而成的沙丘。在盆钵右端山石上放置一些古建筑配件，好似古代文化艺术遗产地敦煌，使盆景更具韵味。

（2）草原风光盆景 在旱盆盆景中有表现草原风光的盆景（图5.19）。制作该种形式的盆景，常用长方形或椭圆形的一般山水盆景用盆，采用散置式布局方法，在盆内摆放2～3组高低不一、形态有别的山石，山峰不可太锐利。山石胶合固定后在盆面放一层有一定潮湿度的培养土，在盆面铺一层青苔好似一望无际的大草原。在盆面适当栽种几棵有大树形的芝麻草。再近大远小、疏密有致地点缀羊群、马匹、人物等小配件，使景物具有真实性。

图5.19 草原风光

该式盆景展现了北国草原雄奇风光以及草丰畜肥的壮丽画面，观赏者可能会联想起"天苍苍，野茫茫，风吹草低见牛羊"的名句。

图 5.20　挂壁式

3）其他形式山水盆景

（1）挂壁式山水盆景　挂壁式山水盆景是把盆景艺术、工艺美术和国画形式巧妙融为一体，可挂于墙上的一种盆景（图 5.20）。

挂壁式山水盆景的造型原理和普通山水盆景基本相同。不同之处，普通山水盆景峰底和盆面接触，挂壁式山水盆景的山峰背面贴在盆面上。为了粘贴得牢固，山峰要适当地薄些，要用耐水胶合力强的胶水粘合。挂壁式山水盆景的布局造型常用偏重式、平远式、散置式。

（2）立屏式山水盆景　立屏式盆景又称立式盆景。它是把浅口大理石盆、石板或塑料板竖立起来，放在特制的几架上，在盆面粘贴山石、栽种草木，成为一件有生命力的立体的画。小型立屏式山水盆景可放置桌面、茶几之上，作为卧室、书房的装饰之物。大型立屏式山水盆景可置于客厅，把实用性和装饰性融为一体。如把立屏式山水盆景置于大小、样式恰当的根艺几架之上，景物与几架相互衬托，相得益彰，别具韵味。

（3）云雾山水盆景　云雾山水盆景是把现代的电子技术与古老的山水盆景巧妙融为一体的一种盆景形式。

云雾山水盆景除欣赏性外，还有实用性。加水通电之后，山峰被云雾缭绕，将千姿百态的山水盆景变成扑朔迷离神话般的仙境，使人神游其间，给静态的山水盆景增添了动态美。云雾中的水分子散布在空气中，起到了加湿器的作用。室内摆放一盆云雾山水盆景，既可观赏，又有实用价值，一举两得。云雾山水盆景的造型原则和一般的山水盆景基本相同。云雾山水盆景目前处于初级阶段（主要是雾化器性能不够理想），随着科技的发展，以后会逐渐完善和提高，进入寻常百姓家。

任务实施

本次任务单个学生即可完成，所以可以不分组，但学生间可以讨论。具体完成任务可以按以下 3 步进行：

（1）领受任务　教师分配任务，先让学生明白需要完成任务的内容，让其知道需要从构图中寻找相对应山形地貌名称以及山水盆景的类型。指导学生通过相关知识的学习可以完成以上任务。

（2）知识学习　学生明白任务后，学习知识点，了解有关山形地貌的名称与特征、山水盆景的类型及特点。

（3）完成任务　学生通过知识点学习，在具体盆景的整体中识别各局部名称，并识别山水盆景的类型。教师进行点评并记录各位同学的表现及完成任务情况。

任务考核

每位同学独立完成此任务,形成纸质作业或电子作业,有条件的可以做成PPT,每位同学准备汇报;指导教师根据学生任务完成的有效性、任务完成的态度、责任感及汇报的情况等进行综合评分(表5.1)。

表5.1　山水形貌及山水盆景类型的识别任务考核表

学习目标	评价标准	评价得分
理论知识 (20分)	山形地貌的名称与特征; 山水盆景的类型及特点	
专业技能 (30分)	能识别山形地貌的名称; 能识别山水盆景的类型	
任务完成 (30分)	纸质作业、PPT,任务问答的有效性	
学习态度 (20分)	完成任务的态度、责任感	
综合得分及评价:		

任务2　山水盆景的制作技艺

任务提出

依据当地的条件,选择合适的石材或代用品,选择一种山水盆景的类型,完成创作一件山水盆景作品。

任务分析

完成一件山水盆景的制作,需要经过选石、锯截、雕琢、组合、胶合、配置等制作程序。其中每一环节均很重要,环环相扣,逐步完成整个程序。制作山水盆景除要了解山水形貌和山水盆景艺术表现方法等知识外,还要掌握山石加工的技艺,必须理论和实践相结合,制作山水盆景时才能得心应手,运用自如,创作出具有较高水平的山水盆景来。

相关知识

1. 立意与石料选择

一件山水盆景质量好与差,与慧眼选石关系密切,石料选择得不好,不但费工费时,石料浪费得多,做出的山水盆景自然情趣差,观赏价值以及经济价值都不好。

1) 立意

山水盆景的立意有两种途径:

(1)因石立意　因石立意,即先有一块或几块石料,根据现有石料的大小、形态的特点进行创作表现主题思想。"因石立意"必须充分发挥现有石料的长处,避其短处,把具有自然纹理和丘壑、外形美观的一面作正面,形态较差的一面作背面。"因石立意"进行创作,受到石料的限制,更要反复观察思考,充分发挥石料特长,切忌草率下锯,造成难以弥补的遗憾。

(2)因意选石　因意选石,在石料较多的情况下常用此法。"因意选石",到大堆石料中挑选山石时,首先要选出作主峰的山石来,然后再挑选与主峰纹理、色泽、质地相同的山石做次峰或配峰。在挑选山石时,注意挑选具有"瘦、透、漏、皱"的山石。用具有这种形态的山石来制作山水盆景,省时、省力,制作出来的盆景形态自然,观赏价值以及经济价值都高。

因意选石还有另外一种情况,这种情况多发生在拥有一定数量的山水盆景、对山水盆景酷爱者,当他看到一种石料,认为很好,在脑海里初步构想出盆景要表现的主题思想,然后他就想方设法收集这种石料来实现自己的愿望。

2) 山石的形态及其加工

(1)瘦　瘦型石概括地讲,就是有棱角的长条状石。用瘦型石制作山水盆景,只要设计合理恰当(一般一块山石按2:8、3:7或4:6锯开),锯截时锯条不走偏,基本不用雕琢,按立意构图造型,胶合后即是一件有观赏价值的山水盆景。用基本呈椭圆形的松质石料制作山水盆景,比用瘦型石制作山水盆景就费工费时。如制作技艺不熟练,制作出的盆景做作而不自然。锯截山石前首先挑选出形态纹理比较美的部分做主峰,余下的山石再划出作次峰、配峰、远山的材料,把山石锯成若干块,再逐块按设计要求进行雕琢,然后进行布局造型,胶合成盆景。

(2)透　透型石要求山石上有孔洞,孔洞可以透过视线。透除能增加山水盆景的美观外,还能起到调节重心的作用。洞为虚、石为实,山石上有了洞,可以达到实中有虚,虚实相映成趣。挑选到一块具有通透孔洞的上乘山石,制作时省时省力,有时制作出的山水盆景能达到事半功倍的效果。

(3)漏　漏在山水盆景中指倒挂的部分。漏的位置一般在岩洞中或悬崖峭壁突兀处。漏可增加山水盆景的美感。对没有漏的山石,在制作过程中也可以加工制作出来。在山水盆景中,加工制作倒挂山石的方法有两种:

①在松质山石上制作倒挂,多用锯截雕琢的方法。有倒挂的松质石料盆景,搬动、运输需特别注意,一不小心倒挂部分易被撞掉。

②在硬质石料上制作倒挂,常在主峰上粘贴一块与主峰色泽、质地、纹理一致的长条状小石

即成。

（4）皱　皱指山石上的纹理。它如同衣服上的皱褶,皱而有律,繁而不乱。很多山石具有自然形成的皱褶。山水盆景常用的皱法有以下5种:

①斧劈皱:这种皱法大都用来表现高耸的山峰,适合于硬质石料,其形状好似斧劈刀砍后留下的痕迹,有的纵横交错,形似乱柴。

②披麻皱:这种皱法常用来表现不太高的山峦。在浮石上最容易加工出这种皱褶。

③卷云皱:这种皱宜表现苍老的山峦。在疏质石料上可加工出这种皱褶。

④荷叶皱:这种皱法好似经雨水冲刷,石的纹理深陷,犹如荷叶的筋络,四下垂流。

⑤折带皱:这种皱法主要表现水成岩山岳,特别是崩断的斜面,其转折的地方很自然,就像折带一样。有的千层石自身就具有天然的折带皱形态。

在挑选石料时,要注意寻找具有瘦、透、漏、皱的山石。在一块山石上具有4项特征是很难找到的,一块山石能具备1~2项要求也就可以了。

2.锯截雕琢

在制作山水盆景的过程中,锯截与雕琢是两项最基本的功夫。是先锯截好还是先雕琢好,要根据具体情况灵活掌握。

1)锯截

（1）锯截的分级　一块石料不经锯截就能胶合制成山水盆景是非常罕见的。所以锯截是比雕琢还要重要的基本功。从来没有拿过锯的人,不经过训练,很难按设计要求把山石分开。

山石的锯截常有两种情况:

①把大块山石按设计分割成几块,这种锯截称一级锯截;

②把山石底部按设计要求锯平,还是锯出一定斜度,这种锯截称二级锯截。在制作山水盆景中,最大量的锯截是二级锯截。二级锯截是先雕琢出山峰的形态和纹理再锯截好,还是先按峰峦的高度,把不需要的那端锯截掉好,这要看制作者对该种山石结构的了解情况而定。

如果制作者对该种山石结构不甚了解,还是先雕琢后锯截好。如果雕琢中,把比较大的一块山石琢掉,影响到该峰峦的高度,因为没有锯截还有弥补的余地。可以另一端少锯截或不锯截,或把山石上下颠倒过来,雕琢另一端,这时有随机应变的余地。如果制作者对该种山石结构很了解,锯截雕琢技艺熟练,先锯截还是后锯截都是无所谓的。

为了把峰峦底部锯平,或按设计要求把底部锯出一定倾斜度,应先确定正确的锯截线。锯截线的确定有两种方法:

①把要锯掉的那部分山石浸入水盆中水面以下,迅速拿出幽石,在山石干湿线处绕山石一周用粉笔画线、用粉笔画的这条线,就是锯截线;

②用钢锯条或用小山子把要去掉的那部分与保留部分之间锯出一条线或雕琢出一条线。

（2）锯截的方法　锯截的具体方法,依据山石的大小不同和操作者技术熟练程度不一,具体锯截方法是多种多样的,下面就常用的几种锯截方法加以介绍。

①放凳子上锯截:大块石料常放在两个凳子之间进行。锯截前要用绳子把要锯山石两端捆绑在两个凳子之上,一定要捆绑牢固后方可进行锯截。较硬的山石常用钢锯进行锯截;较软的山石可用木锯、手锯进行锯截;质地特别坚硬的山石,要用手持式金刚砂轮锯从几个方面锯,才

能把山石分割开。

②放操作台锯截：中小块松质山石，可放到普通操作台上，用绳子或铁钉子固定牢后，用钢锯或手锯进行锯截。中等块硬质山石，常放到操作台上用金刚砂轮锯进行锯截。

③不损坏边角：不论采用哪种方法进行锯截，都要尽量不损坏山石的边角，因为山石下部和盆面接触，山脚自然完整的美是至关重要的，在平远式山水盆景中尤为重要。通常，第一次如果没有把山石底部锯平，不要再锯第二次，因为再锯第二次也不一定把底部锯平。如是松质石料第一次没锯平，可用普通砂轮片把较高部分打磨一下，或在水泥地面上来回磨一磨，使山石底部磨平。如是质地坚硬山石，把山石下部垫上同种山石的小石片，如果在观赏面，在山脚前再摆放几块同种小山石，起到遮蔽作用。

④大块山石可分成几块：特别大块硬质山石，锯截都不方便，可用加热法把山石分成几块。加热法是将山石放到火上烧烤到一定程度，迅速把山石拿开，放在地上，立即向山石上浇冷水，利用热胀冷缩原理，使山石在纹理或裂隙处产生裂痕，再轻轻敲击或轻轻向泥土地上摔几次，大块山石常分成几块。因为石块大小不一，山石种类不同，火源也不尽相同，所以对烧烤时间要灵活掌握，一般不要烧烤时间过长，使山石温度过高，浇冷水时使山石飞起伤人。墨石、灵璧石等石灰岩类山石不要用加热法，此类山石加热后常变白变酥不好使用。

⑤山脚小石、平台的锯截与摆放：有的主、次峰山脚处过于平直，没有曲线美。可用两块长条状山石锯截出 3 块大小不一的小石和 3 块高低不同的平台。根据造型的需要把 3 块小石按正确的摆设方法摆放到主、次峰的山脚处。3 块平台按正确的方法放置到主峰靠盆中心侧的山脚处。如果用一块大的石料锯成几个山峰做一件盆景，应该首先考虑主峰，把该块山石最优美的部分做主峰，因为主峰是一件山水盆景的主体，主峰的好坏是该件盆景成败的关键。当然，次峰、配峰也是不能忽视的，次峰、配峰处理得好，可以更好地衬托主峰，但要注意不可喧宾夺主，要客随主行才对。

2）雕琢

在制作山水盆景时，不论是"因石立意"还是"因意选石"，一般地讲松质石料微课多数不会完全符合造型的需要，就大部分自然纹理比较优美的石料，仍有少部分不理想之处，这时就要雕琢。把一块松质山石锯成几块，锯口处都是很平整的，直线过长也不美观，除作底面接触盆钵那面外，其他的几个面都要雕琢加工呈凸凹不平的形态，方显自然。

在制作山水盆景时，雕琢比锯截的使用率要低（因为硬质石料基本不用雕琢），但雕琢技术比锯截要求更细，也更难掌握。没有一定的实践经验，难以达到得心应手、炉火纯青的程度，所以要求盆景创作者，不但要有一定的理论知识，还要勤于实践，有比较丰富的实践经验，才能雕琢出各种山石的纹理来。

（1）山石的雕琢　又分为整体雕琢和局部雕琢两种。

①整体雕琢：也就是说山石上的纹理全部是由雕琢加工出来的，用浮石制作山水盆景基本就是这种情况。整体雕琢时先用小山子刀状端轻轻雕琢出峰峦丘壑的大体轮廓。这一步很重要，因为它将影响到整个景物的外形。雕琢山石也和中国绘画中的画石一样，至少雕刻出 3 面来，正面及左右两个侧面。

如果欲将山水盆景置于大厅中间，或制作高档次的山水盆景，山石的前、后、左、右以及顶部都要雕琢。雕琢时要先浅后深，先雕琢出一个雏形，满意后再细致加工。在雕琢山石的纹理时，近处的峰峦要精雕细刻，纹理要刻得深些；远山则不宜过细雕刻，只大刀阔斧，雕琢出外形，纹理以较轻而模糊、粗犷圆润为好。

②局部雕琢：即山石的部分或大部分纹理丘壑都比较好，只有部分需要雕琢。如芦管石自身具有天然纹理，锯截后锯截面特别平整而不美观，这时就要把平整的石面雕琢得凹凸不平，和原来山石纹理尽量保持一致为好。

（2）雕琢纹理的方法　常用的方法有以下几种。

①用小山子雕琢纹理：用小山子在山石上雕琢纹理，手要拿稳，落点要准，根据需要有时用刀状端雕琢，有时用圆锥状锐利尖端雕琢。常用的松质石料芦管石，质地软硬度不均匀，一块山石上软硬度也不尽相同，开始雕琢时要先轻轻试探几下，了解其硬度多大后再适度用力，如用力过猛容易出现比较大的一块山石断裂。大块山石要放到操作台或桌凳之上再用小山子雕琢；小块松质石料，可以一手拿山石，另一只手拿小山子进行雕琢。

②用小锤、小钢棍在山石上雕琢纹理：山水盆景初学者，用小山子雕琢纹理，有时落点不准，有时用力大小掌握不好，常把山石琢掉较大一块。为了解决这一问题，可用小锤、小钢棍在山石上雕琢纹理。小锤的大小和钢棍的粗细要根据要雕出的纹理粗细以及山石块的大小而定。钢棍两端都是原来的横断面为好。凿纹理时，多数人是左手拿钢棍，右手拿小锤，钢棍下端和山石呈45°角为好，用锤子敲击钢棍上端。这种方法落点准确，用力也好掌握。

③用锤子、钢錾子在较硬山石上雕琢纹理：山石较硬，雕琢纹理困难，一般不大面积雕琢纹理，有时为了修补山石某处不足偶尔采用。所用钢錾子大小适宜，一定要锐利。多数人是左手拿钢錾子，右手拿锤敲击钢錾子上端，用力要适度，一下接一下，不可操之过急，否则山石容易出现断裂现象。

④用钢锯条断端划刻纹理：在质地较软的山石上，可用钢锯条断端锋利处划刻纹理。划刻时有的地方用力要大，有的地方用力要轻，这样划刻出的纹理，粗细不一、深浅有别，显得自然。用这方法也可在浮石上划刻纹理。

⑤山脚处纹理的雕琢：山水盆景中山脚是指峰峦下部与盆面接触的部分。在峰峦上雕琢纹理，一般是峰巅部向上，山脚向下，用小山子自上而下地雕琢。但到山峰的下部近山脚处雕琢纹理时，如果仍从上向下雕琢，很容易把山脚处山石雕琢掉一块，使山脚变得不美。

雕琢山脚处纹理时，山脚应向上，山峰巅部向下，这样轻轻雕琢方可。在保留有天然纹理的山石上，在无纹理处再雕琢纹理时，务必使新雕琢的纹理与天然纹理保持一致，如果一块山石的纹理五花八门，既不自然，也不美观。

松质石料倒挂部上的纹理，应在锯截加工倒挂前就把纹理雕琢好，如果加工前没有雕琢纹理，倒挂制成后再雕琢纹理，很容易把倒挂部分雕琢断。

（3）山石上洞穴的雕琢　山石上的洞穴分为两种：一种是观赏性的，另一种是为日后栽种草木准备的。疏质石料上的这两种洞穴都是在雕琢步骤完成的。硬质石料难以雕琢洞穴，若把观赏性洞扩大，也是在此步骤完成，硬石盆景日后栽种草木的洞常在胶合时完成。

①在松质石料峰峦上雕琢栽种草木的洞穴：这多在峰峦的下部进行，因为松质石料本身坚固度就差，如在山腰再雕琢较大的洞穴，山峰更易折断。栽种草木的洞穴要肚大口小，这样洞穴盛土多有利草木的生长，洞口适当小些，有利观赏。

②在松质石料的峰峦上加工观赏性的洞穴：这多在山峰的下部，有时也在山峰中部。洞的形态多变（切忌呈圆形或方形），洞穴除了可以调整重心外，还可增添山景的美感。但山峰上的洞不可过多，一般1～2个即可，太多显得景物支离破碎，缺乏整体感。峰峦上的洞多呈不规则

形,并有一定曲折,使观赏者有深远莫测之感,加深了山水盆景的意境。至于在山峰的哪个部位凿洞,要根据立意和峰峦的形态灵活掌握。

③在松质石料上加工观赏性洞:一般先用小錾子在洞的中心位置凿出一个能放进钢锯条的小洞,把钢锯条放入小洞中根据设计向四周锯,把洞扩大到符合要求时止。也可用电钻在洞的中心位置打眼,然后把钢锯条放入洞眼中再向四周锯,到达到设计要求时止。因为用钢锯造洞比用小山子琢洞,对山石的震动要小,准确性也高。

(4)使有缺欠山石变美　使有缺欠的山石(或山峰)变美,不是梦想,是可以实现的。但要达到梦想成真也是有条件的:首先要求创作者有比较丰富的实践经验;其次头脑中要储存有名山、大川以及一些上乘山水盆景的图案;再次要有比较丰富的想象力,见到不美的山石(或山峰),知道怎样才能使它变美。这里所说的"变",光靠锯截雕琢是实现不了的,需要拼接上一块或两块有一定姿色的山石才能实现。

在生活中相辅相成的例子很多,在树木盆景中这种情况也是有的。一个很好的树木盆景,美中不足之处就是某处缺少一个枝条,这时盆景艺术家常用同种树木靠接的方法,把缺的这个枝补上,使这件树木盆景的美更加完善。

在山水盆景创作时,使有缺欠的硬质山石变美比有缺欠的松质山石变美要容易一些。因为硬质山石不吸水,只要拼接技艺高超,石料较多,基本上可以达到随心所欲的地步。

下面将松质石料和硬质石料分别介绍:

①使有缺欠的松质山石(山峰)变美:在现有的几块松质山石中,没有一块山石能做主峰,这时为了使制作的山水盆景具有较高的欣赏价值,必须把两块松质山石上下拼接才能达到目的。要把两块吸水石上下拼接胶合在一起,既能下水上吸,又无明显加工痕迹,这对初学者来讲是有一定难度的,但要掌握好要领,还是可以做到的。

②使有缺欠的硬质山石(山峰)变美:硬质山石上下、左右拼接胶合比松质山石容易得多,因为硬石不吸水,所以拼接时不考虑下水上吸的问题。只要两块山石吻合部接触紧密,粘合剂不外露,拼接后的几块山石浑然一体,就达到使山石变美的目的。

3. 胶合固定

一件山水盆景,根据立意对山石进行锯截雕琢之后,就要进行布局造型,布局造型完成之后,不要急于进行胶合,这时应近看远望,上下打量,用山水盆景艺术表现方法来衡量,哪处还有可以改进的地方,是否达到了设计要求等,一切都满意后方可进行胶合。

胶合山水盆景用的材料有水泥、沙子、化学粘合剂、染料等,其中最常用并且用量最大的是水泥。

1)水泥

目前各地生产的水泥有灰色、土黄色、白色等,其强度有 250 号、300 号、400 号、500 号等不同标号。标号越大,抗压强度越高。通常,水泥抗压强度的发展,前 7 d 发展较快,胶合后 3 d 抗压强度可达最大强度的 1/3 左右,7 d 时可达最大抗压强度的 1/2 左右,28 d 时才接近最大值。

水泥强度的发展要有一定温度和湿度。如温度低湿度不够,达不到上述强度。当温度低于 0 ℃时,水泥硬化,进展停止,并且可能因内部水分结冰膨胀使水泥强度降低,甚至已胶合好的山石出现裂纹。水泥胶合后,如湿度不够,也会影响水泥强度的发展,还可能出现干缩裂纹现象。所以胶合 12 h 以后 10 d 以内,要经常向胶合处洒水,以保持一定湿度。

胶合山水盆景时,根据山石的色泽最好挑选和山石相同或相近色泽的水泥,目前尚未见黑色水泥,如要胶合墨石等黑色石料山水盆景时,应在水泥砂浆中加入适量煤末或墨汁。

如胶合小型、微型山水盆景时,两块山石接触较好,把水泥加水以及适量107胶水调成浆状即可使用,不必加入沙子。胶合大中型山水盆景,应在水泥中加入适量沙子,以增加强度。水泥与沙子的比例6:4或水泥5、砂子2、原石粉2的比例配制也可,加入适量107胶水和水调成糊状。所用水泥标号最低400号,低标号、强度差,胶合后不牢。

还有两点常被人们所忽视:

①水泥强度高低,除和标号有关外,和水泥与沙子搅拌的程度也有关系。如果搅拌时间短,水泥和沙子没有充分混合,水泥砂浆的强度将受到很大影响。

②因用水泥量不大,水泥存放时间较长,如果保管不善,易湿解变质,降低了水泥强度。如水泥粉中出现小颗粒,虽是高标号的水泥,这时水泥的强度已打折扣,这种水泥最好别用。正常水泥和面粉一样,呈很细粉末状,不夹杂颗粒。用不完的水泥粉应放入不透气的塑料袋中,把口扎紧,放干燥处保存。

用水泥砂浆把两块山石胶合到一起后,有的创作者马上用毛笔蘸水把外露水泥砂浆刷去,撒一层原石粉末。有的创作者把两块山石胶合好后,稍等几分钟,水泥砂浆略凝固,用刻字刀在水泥砂浆上刻画出与山石相似的纹理,然后撒上原石粉末,水泥砂浆胶合牢固后,粘合的几块山石就自然浑然一体了。

2)化学粘合剂

为了增加水泥浆或水泥砂浆的胶合力,在用水调合时常加入化学粘合剂。目前化学粘合剂种类繁多,胶合山水盆景用的化学粘合剂应是耐水的,常用的化学粘合剂是107胶,化学粘合剂与水的比例一般在1:2左右为好。如果制作微型、小型山水盆景,两块山石吻合部又比较紧密,可用"环氧树脂"或"万能胶"直接把两块山石胶合在一起,然后用绳子把两块山石捆绑在一起,12 h就能粘牢,把绳子去除。用化学粘合剂直接胶合山石时,也应注意粘合剂尽量少外露,或把外露粘合剂马上除去。

3)长条状山石的胶合

胶合长条状山石时(如斧劈石、石笋石、砂积石等)因石块瘦高,底部与盆面接触面积少,不易立稳。有时把长条状山石立于盆面,小风一吹山石即摔倒,有时把山石摔断成2块或3块,再粘合既费时费力,也不美观。为此,可采用"先卧后立"两次胶合法。在一块玻璃上(也可在很平的木板上或山水盆钵中)铺一层牛皮纸,再在牛皮纸上撒一层沙子或锯截山石时掉下的石粉。先把要胶合的2~3块长条状山石在水中浸泡几分钟,并把山石用毛刷刷洗一下,去掉山石表面尘土等不洁之物,从水中拿出后稍等片刻,把其中最大一块山石横放于牛皮纸上,把大块山石底面垫好使其平衡不活动。然后根据设计把另外两块山石放置到大块山石的适当部位,先试试是否平稳,凡不平稳之处放小山石垫稳。

试好后,凡需胶合处放已调好的水泥砂浆,这时把3块山石底部对齐(以免日后放在盆面峰峦歪斜不符合要求)。有的要用绳子把几块山石捆绑在一起,固定在一姿态上。凡放水泥砂浆处撒一层原石粉,根据山石大小不同,固定4~7 d后,除去捆绑的绳子,用水冲去没粘牢的石粉,胶合即完成了。几块山石胶合在一起后,底部面积增大,在盆面立稳已不成问题,最后按设计把其他峰峦再胶合上。

山水盆景胶合后多长时间可以搬动？用水泥砂浆胶合的山水盆景,微型盆景 24 h,小型盆景 72 h,中型盆景 5 d,大型盆景 8 d,巨型盆景 12 d,方可轻轻搬动峰峦。除去捆绑物,用水冲去没粘到峰峦上的石粉,放到浅口大理石盆中看看造型效果。水泥砂浆胶合固定比较牢固要等到胶合后的 20 余天方可。

4. 山水盆景的制作

1) 硬石山水盆景制作

用硬质石料制作山水盆景,艺术表现方法和胶合方法与松质石料基本相同,除相同点外,还有一些不同方面。不同方面有以下几点:

①因硬质石料质地坚硬,难以锯截和雕琢纹理,所以在挑选石料时,对石料的形态、色泽、纹理、神韵等方面的要求,比松质石料更加严格。

②在用硬质石制成的山水盆景上栽种草木,比在用松质山石制成的盆景上要困难得多。古人云:"石本顽,树活则灵。"这句话的意思是坚硬的山石上难以栽种草木,显得单调呆板,如果有草木的点缀,就会有灵气,有了生机和活力。因此在用硬石制作山水盆景时,要想方设法用几块山石造洞,在洞内盛土栽种草木。

③用硬质石料制作山水盆景胶合时,要特别注意胶合的牢固性。因为两块大小基本相同的山石,硬石比松质山石要重数倍,为了胶合得牢固,可在两块山石吻合部适当位置用电钻打洞眼,胶合时除放水泥砂浆外,穿入两块山石洞眼的钢棍,亦有很强的牵拉力。硬石盆景胶合后的固定时间,也比用松质山石制作的盆景时间长些。

④用硬质山石制作山水盆景时要有耐心。因为硬石一般形态奇特,纹理美观,如何充分发挥优点而避其缺点,这就要看创作者的艺术素养的高低了。一时想不出好主意,先放着,等有空闲时再拿出来近看远瞰,上下颠倒,左右变位,前后互换,反复推敲,等找出最佳方案时再加工制作,达到扬长避短、平中出奇、耐人寻味的效果。

⑤卵石盆景的制作也属硬石范畴。卵石与其他硬石不同之处在于,它的外形基本都是圆形或弧形线条构成。其制作方法也有独特之处。卵石盆景的制作方法分为两种:

a. 把大小有别、色泽纹理近似的卵石,经过拼接胶合制成盆景。此种方法要求创作者要慧眼选石,卵石选得好,是作品成功的保证。

b. 根据立意构图,把每块卵石锯截成大小不等的两部分。把锯开的卵石锯口面向下放于盆面,好似大海中的小岛或渚,这种盆景海滨风情味很浓,真是别树一帜。

⑥硬石盆景的制作还有一种方法,有的岩石石质虽然较硬,但其本身上的裂隙纹理较深。可用铁锤、錾子在其较深的裂隙纹理处把山石分成若干小块,再根据设计构图把小块山石拼接胶合到主峰、次峰及配峰上去,制成一件盆景。这样就可以免去锯截一关。

2) 消除加工痕迹

有相当一部分山水盆景制作完成之后,在加工制作过程中留有一些锯截雕琢的痕迹在山石上,使景物的美受到很大影响,可用下面方法快速消除加工留下的痕迹。

(1)涂墨法 在山水盆景制作完成之后,观看哪些部分加工痕迹有碍观赏,可用毛笔蘸淡墨水向锯截雕琢的痕迹上涂抹,涂时宁淡勿深,一遍不成再涂一遍。

(2)烟熏法 就是把已做好的山景放在柴草烟雾中熏一下。柴草要有一定湿度,烟雾才浓,山景距火苗要有一定距离,一般在 20 cm 左右,熏的时间不可太长,色泽不能熏得太深,否则不美观也不自然。

（3）涂黑油法　一些黑色或深灰色的山石,在锯截雕琢或胶合过程中留有一些痕迹,与山石色泽不一,影响美观。可在自行车、汽车上光蜡中加上一些黑色皮鞋油,把二者混合调均匀后,用小毛刷或布块把调好的黑色油涂到加工痕迹处,一次涂得不可过黑,否则亦不自然。然后用布擦几遍,加工痕迹可以消除。

（4）茶水浸泡法　把制作成的中小型山水盆景放入茶水中浸泡20 h左右即可。根据山景的大小,买几两茶叶末加水煮沸5 min左右,把整个山景浸入茶水中,山石着色的深浅与茶水浓度成正比,一定注意着色不可太深。该法主要用于松质山石。

（5）刷理法　山石上雕琢的一些纹理感到互不贯通,也不自然,可用钣金工常用的铁刷子把山石从上到下或从下到上地刷几遍,雕琢痕迹一般可消除,纹理变得自然美观了。

（6）酸蚀法　有的硬石盆景在锯截雕琢加工中留有较重的加工痕迹,可用稀盐酸腐蚀,即可消痕。用盐酸腐蚀时间不可太长,一般1~2 min即可,时间太长对石质有损伤。另外还要注意操作者的安全,不要把盐酸弄到身体上。

5. 山水盆景的配置

1）山水盆景的绿化

自然界中的山石总离不开草木,山水盆景中同样不能没有植物。有"石本顽,树活则灵","山因树而妍"之说,这些论述都说明山石上草木的重要性。山水盆景的绿化包括植树、种草、生苔3个方面。一件山水盆景如果只有无生命的幽石,而没有生命力的植物,其观赏价值也低,意境也较差。山水盆景中的草木青苔,能增加山水盆景的生气,协调重心,改变过长的直线,可增加山水盆景的真实感和美感。

（1）山水盆景绿化的重要性

①弥补山景外形的缺陷。山水盆景要刚柔相济、曲直和谐方显其美。它要求山水盆景外形轮廓线不能出现过长的直线、等腰三角形等规则的形状,也就是说山水盆景的外形轮廓线要有曲折的变化。可是一些用斧壁石、沙积石、沙片石、千层石等石料制成的山水盆景常出现一些较长的直线,如用粘贴小石的办法来改变过长的直线又嫌不美。为了弥补这一缺陷,同时起到绿化山景的作用,常用植树的办法,伸出趾石外的树木枝叶,使山景外形有了曲折变化,使盆景变得更美。

②使盆景呈现枯荣与共景象。山石是没有生命的静态之物,表示"枯";草木青苔青翠欲滴而且具有生命力,是"荣"的表现。山水盆景之上栽树种草或生青苔之后,山水盆景就呈现出枯荣与共、欣欣向荣的景象。

③能延伸盆景的意境。在山水盆景上栽树种草生长青苔,犹如锦上添花,使山水盆景更具自然情趣,成为神形兼备活的艺术品。所以,绿化山水盆景,是扬长避短、遮丑扬美、增添画意诗情的重要手段。同时种植绿化山水盆景,还有调整重心、分隔层次、增加情趣和真实感的作用。

（2）山水盆景绿化注意事宜

①草木和山峰比例要协调。

画论中有"丈山尺树"之说。山水画的很多理论对创作山水盆景具有指导意义,值得借鉴。在目前大多数山水盆景中,山峰高(指主峰)与树木的比例为(4~7):1,以草代树者基本可以达到山峰与草之比10:1左右(即丈山尺树之比)的比例关系。

在山水盆景中栽种树木,要挑选体态矮、叶片小、须根多、适应性强的树种,如小地柏、小松树、小榆树、六月雪等树木。这些树木要根据立意需要有一定姿态。中小型山水盆景因为主峰都不太高大,如果在其上栽种树木,又要长期成活,确有一定难度,尤其在气候比较干燥的北方难度就更大。在中小型山水盆景中可栽种一些有一定姿态的草本植物,如芝麻草、小文竹等。这些草本植物的成活率远比木本植物大得多,再者草本植物价值便宜。

②在盆景中栽树种草要掌握透视原理。

宋代画家饶自然在《绘宗十二忌》一书中曰:"近则坡石树木当大,屋宇人物称之。远则峰峦树木当小,屋宇人物称之。"也就是说,在一件盆景中栽树,近处树木要大些,远处树木要小些。山下部树木宜大,山上部宜小。这是近大远小透视原理在种植上的应用。

(3)软石盆景绿化　软石一般质地疏松,吸水性能好,适合草木的生长。在软石盆景上栽种草木的方法很多,下面介绍几种比较常用的方法:

①在石料雕琢加工时,依据立意在日后要栽种树木的位置,凿出一个大小适宜的洞穴,洞口要小些,里面要大些,栽种的树木根系舒展才能生长良好,洞内土壤不易流失。

②在布局造型摆放好后的胶合操作过程中,在3块山石嵌接处的缝隙中,根据缝隙大小用一块牛皮纸包适量土,制成圆柱状或圆锥状,放置3块山石之间,然后用水泥砂浆把3块山石胶合在一起。等水泥砂浆胶合固定牢固后,把山石放入水中浸泡片刻,就可用镊子把3块山石缝隙中的牛皮纸和土壤取出,再根据立意栽种大小、款式适宜的树木。

③小型山水盆景以及平远式山水盆景峰峦均不高,在其山峰上栽种树木难以和山峰成恰当的比例,在不太高的峰峦缝隙间栽种有大树形的芝麻草比较好。稀疏或单独生长的芝麻草一般呈大树形,而且也比较矮。用硬质山石制作的平远式山水盆景,也常在山石缝隙间栽种芝麻草。

④剁石布局造型摆放好尚未胶合之前,依据立意确定日后在何处栽种芝麻草,如该处是两块山石的吻合处,胶合之前用钢锯条或小山子把该处山石去掉几块,然后在凹陷处填好泥土。山石胶合好后,把凹陷处泥土挖出,就可以在此处栽种芝麻草了。

(4)在硬质山石盆景上种植绿化　在硬质山石盆景上种植绿化比在软石盆景上种植绿化困难得多。在硬质山石上栽种树木的方法有附着法和造洞栽植法。

①附着法:根据山峰的形态大小,以及构图的需要确定在山峰的哪个部分露出树木枝条,露出多长,选择一株符合上述要求的树木,然后进行加工山石。

②造洞栽树法:又分两种。

a.在几峰观赏面造洞:即山峰观赏面山石纹理形态美观,如在山峰前面造洞就破坏了景物的自然美,所以把洞造在川峰背面。

b.在山峰背面造洞:因为山峰下部剁石不美,或山峰由上下两块凡石拼接而成,为遮挡住拼接的痕迹,用纹理形态比较美观的小石在山峰前面造洞,以达遮丑扬美的目的。

(5)软石山水盆景生苔法　绿油油的青苔可增加山水盆景的真实感和美感,更加逼真地呈现出青山绿水的情趣和风光。所以盆景爱好者和盆景专业工作者,都千方百计使软石山水盆景生苔。使软石山水盆景生苔方法很多,下面介绍几种常用的方法。

①嵌苔法:青苔一般生长在温度较高、潮湿、早晚可见阳光处或见到散射光的潮湿处。上嵌植青苔不宜选生长旺盛、较高较厚的青苔,应选择墙的背阴处幼小的薄苔,用利铲轻轻铲下一薄层,贴在山石凹陷处。在贴青苔处以及山石的下部山石缝隙处先涂一层泥浆,然后放蔽阴背风处。注意山石下面盆内的水分要充足,精心养护,数日后便可成活。然后置早晚可见 1 h 左右

阳光处(或可见少量散射光处)。只要温度、湿度适宜,青苔便可正常生长,并逐渐向四周蔓延。嵌植青苔时,山石凹陷部背阴部以及下部可适当多植一些,山石的凸出部、山顶及山路旁要少嵌植,这样方与自然现象符合。

②涂苔法:将取来的青苔,用清水冲洗掉杂物,加入适量稀泥浆,轻轻捣碎呈浆汁状,用毛笔涂在山石的适当部位。然后将山石置蔽阴处,保持潮湿,不要见阳光,并防止雨淋,只要湿度、温度适宜,不久青苔便可长出。

③液肥生苔法:每周向山石上喷两次稀薄有机液肥水,用玻璃罩好或用塑料袋罩好,盆内放雨水(若用自来水,须在盆内放置几日后再用)。放置可见散射光的潮湿处,温度在 30～35 ℃,不久可自生青苔。

④自然生苔法:用芦管石、浮石等松质石料制成的山水盆景,北京地区夏季放置在南墙的北面潮湿处,只要保持山石潮湿,不用采取其他措施,自然会长出青苔。

2)山水盆景的配件

一件上乘的山水盆景,不但要造型新颖、绿化得法,若在景物中的适当位置,点缀比例恰当、形态逼真、色泽与山石协调的配件,常可起到画龙点睛、烘托主题思想、深化意境的作用。

配件种类和材料:

山水盆景所用配件有桥、塔、舍、亭、舟、水榭、楼阁、人物、动物等。按制作材料来分又有陶质、釉陶、金属、石质、木质等材料制成。选购或制作配件要因地制宜,根据盆景的意境需要和个人经济及技术条件灵活掌握。

(1)陶质配件　用陶土烧制而成,不上釉彩,配件色泽为泥土本色,古朴典雅。

(2)釉陶配件　在陶土上釉者称釉陶配件,釉陶配件制作技术比陶质配件粗糙,有的釉彩鲜艳不宜和山石色泽协调。

(3)金属配件　这类配件一般采用熔点低、着水不生锈的铅、锡等金属灌铸而成,外涂调和漆。其优点是价格低廉、耐用、不易损坏、可成批生产。不足之处是色泽有时不宜和景物协调,有的涂漆不牢易脱落,目前北京地区一些花店出售小配件以金属居多。

(4)石质配件　用青田石、汉白玉等石料,都可制成桥、塔、舟等配件。石质配件比陶质、金属配件显得粗糙,还易损坏,所以使用者不多。

(5)木质配件　木材取材方便、加工较易,只要制作技术熟练,就可制出各种配件。木质怕长期水泡,所以制作的木质配件都是放置于山峰中上部的配件。配件制作好后,依据立意涂以油漆。

3)山水盆景中的点缀

在山水盆景中点缀配件应注意以下几个方面:

(1)要突出意境　配件的点缀要和景物所表现的意境相符合,才能提高盆景的观赏价值,否则事与愿违,给人以画蛇添足之嫌。配件的点缀还要和盆景表现地区的风土人情相一致,使艺术性和真实性有机地结合起来。如在表现北国风光的山水盆景中,不能点缀南方江河中的竹排;在沙漠盆景中点缀骆驼、羊群最适宜。

(2)点缀配件数量要适宜　在一件山水盆景中点缀配件,根据其大小不同,点缀的配件数量也有别。微型、小型山水盆景一般点缀1～3件即可,大中型点缀3～4件也就可以了。太多的配件反而显得杂乱无章,有的近大远小、下大上小的透视关系掌握不好,使景物失去真实感。

（3）点缀配件要以小见大　在山水盆景中点缀配件得当,除具有画龙点睛的效果之外,还能起到比例尺的作用。配件适当地小些,就能衬托出山景的高大,反之亦然。山虽大如拳,但配件大如豆,就能衬托出山峰的高大雄伟。

（4）景物、盆钵、配件色泽要协调　在山水盆景中点缀配件要注意景物、盆钵、配件三者色泽要协调,这样才能增加景物的美感。如果配件五颜六色,显得杂乱而无美感。

（5）配件在景物中的位置　配件在景物中的位置亦很重要,不能随意摆放,否则显得景物没有真实感。一般来说,桥放置在水面两块礁石之间或放置在景物中部两山峰之间;水榭应置山脚的水边;亭放置于次峰或配峰之上;小舟放置于主峰旁,好似扬帆远航之意,或放置于盆钵远端船头向主峰,有回归之意,切忌把小船放在主、次峰之间意向不清。

6. 山水盆景的题名

上乘的山水盆景,不但要求立意新颖,匠心别具,盆钵、几架款式幽雅别致,做工精细,而且题名要具有诗情画意,令人遐想,以扩大对盆景意境的想象。好的题名犹如画龙点睛,听其名就能吸引着人们,观后又能把人们带入景物之中,以达到诗中有景、景中有诗、景诗交融、景外有景的境界,以提高山水盆景的思想性和艺术性。

题名不仅表达作者的情感,更重要的是能为广大观众所接受,只有多数观众赞同的题名,才是成功的题名。题名的重要性越来越被更多的盆景爱好者和盆景工作者所重视,目前没有题名的盆景不能参加正规的盆景评比展览。所以说,盆景的题名也是盆景艺术的组成部分。

7. 群峰式山水盆景制作案例

群峰式山石盆景表现的是多峰挺秀的山水景观,其特点是诸峰耸立、气势雄浑,给人一种神游其间、恍若隔世的艺术美感。制作时,若构思布局不当,容易出现画面臃肿、冗繁的缺点。为使画面丰满生动,构图取势应以高远为主,深远、平远为辅;盆面要留有足够的空间,以造江湖、河川,纵向要间以峡谷或深涧,以使画面清透、幽深,虚实有度;山峰的形神要多变,疏密有度富有节奏感。一般采用散点透视,以近景表现为主,意境幽远。

下面以仲济南老师的作品为例（图5.21）,介绍群峰式山水盆景的制作流程（摘自《名家教你做山水盆景》,仲济南,2006年）。

（1）石料选择
①根据立意选备石料;②选出主峰。

①　　　　　　　　　　　　②

（2）锯截雕琢

③对主峰进行粗加工；④去掉不合适的棱角；⑤根据造型需要确定锯截位置，画下锯截线；⑥用切割机具将主峰底部锯平；⑦用钢丝刷把石块表面刷净；⑧用水冲洗、清刷；⑨切割其他配峰、坡脚等石料，步骤同上；⑩选盆，并在盆上铺垫塑料薄膜或垫旧报纸；⑪把锯截好的山石放在盆内试作，若放不稳可暂时垫上碎石使其站稳；⑫选一块矮石挡住主峰的右下角缺陷，并增加峰峦层次；⑬主峰右边再配一石料，使峰体连绵、山势起伏；⑭主峰前方添加一中高平台，增添山体纵向上的变化，并使水岸线曲折幽深，主峰完成；⑮在主峰左侧配次峰；⑯用一小峰相连，小峰与主峰间有一深涧，既使山势延续，又有虚实变化；⑰继续点缀小矮山，使山体绵延不绝；⑱在盆左侧布配峰；⑲配峰低矮，以衬托出主峰的雄浑高峻；⑳在配峰和主峰前添加平台和坡脚，使山体过渡自然；㉑在次峰前布置两座小山，增添山峦的层次变化，并使水岸线曲折逶迤；㉒布局基本完成，但水面过于空旷，主峰两侧过虚，可适当增添山脚；㉓主峰左边添加山脚。

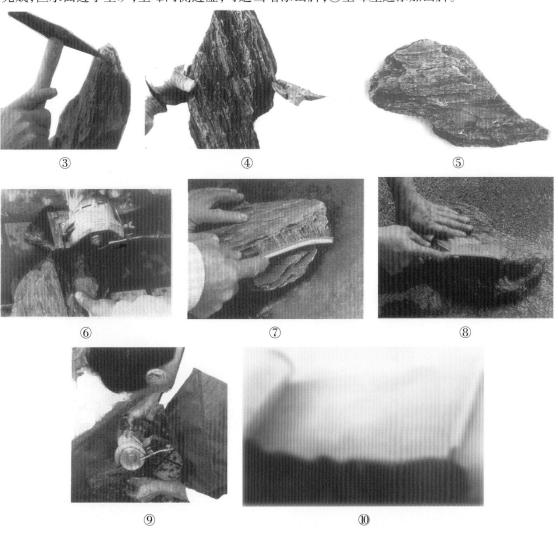

③ ④ ⑤

⑥ ⑦ ⑧

⑨ ⑩

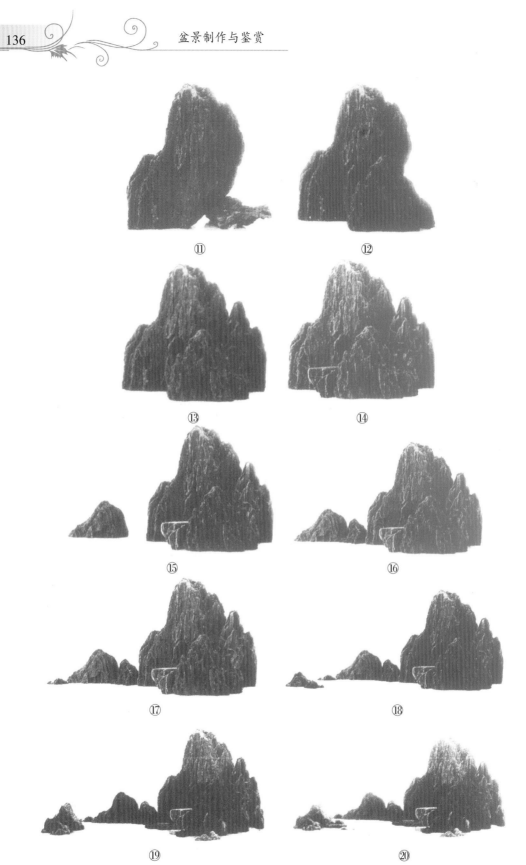

⑪   ⑫

⑬   ⑭

⑮   ⑯

⑰   ⑱

⑲   ⑳

㉑　　　　　　　　　　　㉒

㉓

（3）胶合固定与盆景制作

㉔主峰右边添加山脚，布局试作完成，稍加调整便可进行胶合；㉕清洁山石胶合面，并将调好的水泥抹于山石上进行胶合固定；㉖胶合痕迹尽量隐藏于背面；㉗一边胶合，一边用画笔将山峰间的水泥捣紧，并蘸水刷去粘露在外面的水泥；㉘胶合时要预留出种植穴的位置；㉙巧设植物排水孔，将塑料细管安设于种植穴底部排水；㉚胶合完毕置阴处等待水泥凝固，每天喷水保湿。水泥凝固后再给所有山石底部上一层薄水泥，使其牢固。

㉔　　　　　　　　　　㉕

㉖　　　　　　　　　　㉗

㉘　　　　　　㉙　　　　　　㉚

（4）盆景配置

㉛水泥干透后，去掉铺垫的塑料膜（或报纸），把主峰、次峰等山体都粘结固定在盆面上，摆上配件，盆内添水；㉜选适合的植物；㉝将植物剔土、修整后种入预留的种植穴中。

㉛

㉜

㉝

（5）盆景题名

㉞完成作品并命名。命名为：轻舟泛波。

㉞

图5.21　轻舟泛波

任务实施

本次任务量较大，单个学生完成比较困难，所以可以分成3～5人为一小组，小组内相互协作，相互讨论完成。具体完成任务可以按以下3步进行：

（1）领受任务　教师分配任务，先让学生明白需要完成任务的内容，让其知道完成一件山水盆景所需要掌握的技巧有选石、锯截、雕琢、组合、胶合、配置等环节。指导学生通过相关知识的学习可以完成以上任务。

（2）知识学习　学生明白任务后,学习知识点,掌握山水盆景的立意、选石、锯截、雕琢、组合、胶合、配置、命名等。

（3）完成任务　学生通过知识点学习,具体选择一种山水盆景类型进行山水盆景作品的创作。教师对各组作品进行点评,记录各位同学的表现和完成任务情况。

任务考核

以小组为单位完成任务,形成纸质构图及实物作品,各小组汇报;指导教师根据各小组任务完成的有效性、任务完成的态度、责任感及汇报的情况等进行综合评分(表5.2)。

表5.2　山水盆景的制作技艺任务考核表

学习目标	评价标准	评价得分
理论知识 （20分）	山水盆景的选石、锯截、雕琢、组合、胶合、配置	
专业技能 （30分）	能初步应用选石、锯截、雕琢、组合、胶合、配置等技巧,制作一件完整的山水盆景	
任务完成 （30分）	山水盆景作品构图及其实物作品	
学习态度 （20分）	完成任务的态度、责任感	
综合得分及评价:		

[作品鉴赏]

山水盆景作品《大江东去》鉴赏

盛定武的《大江东去》作品,采用英德石,盆长155 cm。作品近看是石,远望似浪,汹涌澎湃,气势奔腾,艺术效果令人陶醉。作者因一块纹理细密、色泽纯正、形态倾斜的英德石触动了灵感,借鉴苏轼《念奴娇》"大江东去"词意,联想到滚滚东流的长江水,以山比水,立意新颖。几块点石,放置主客峰及远山之间,点出了江山流动之势,主客峰向一侧倾斜,增加了作品的动感(图5.22)。

图 5.22　大江东去

[技能实训]

到附近野外的山上或河道,采集一些石材或代用品,练习锯截雕琢、组合胶合等技巧。

[思考讨论]

(1)讨论山水形貌的特点及其盆景应用。

(2)讨论山水盆景锯截雕琢的技巧。

(3)讨论山水盆景植物配置的技巧。

项目 6 微型盆景的制作

[学习目标]

知识目标：

(1)了解微型盆景的特点、选材、工具、陈设、鉴赏等基本知识；

(2)掌握微型树木盆景的制作程序、加工造型及技术要领；

(3)掌握微型山水盆景的制作程序、加工造型及技术要领。

能力目标：

(1)学会制作微型树木盆景；

(2)学会制作微型山水盆景。

[项目分析]

微型盆景用盆不大，可置于手掌之上赏玩，故有"掌上盆景"之称。它是当今国际上盛行的主要艺术盆栽形式，也是我国目前盆景出口的主要产品之一。微型盆景主要有微型树木盆景和微型山水盆景两种类型。本项目是盆景知识与技能的延伸。本项目的重点是微型盆景制作程序、加工造型及技术要领；难点是微型盆景的加工造型及技术要领。

任务 1 微型盆景的基本知识

任务提出

通过前面的学习，小李基本掌握了盆景的制作技巧，现在他对微型盆景还不了解：什么是微型盆景？ 微型盆景的制作需要哪些材料与工具？ 如何养护与鉴赏微型盆景？

根据以上情境，通过相关知识的学习，请完成以下任务：

(1)简述微型盆景的概念及特点。

(2)谈谈制作微型盆景的器材与一般盆景的器材有何差异。

(3)简述如何鉴赏微型盆景。

任务分析

微型盆景,顾名思义就是体量细微的盆景。当然其在选材及陈设鉴赏等方面也就有别于其他类型的盆景。要制作微型盆景,就要了解微型盆景的基本知识界定、特点。先了解有关微型盆景的概念及特点,微型盆景的制作需要用到哪些材料与工具,然后了解微型盆景的配土、养护与鉴赏。这样为后面的微型盆景制作奠定基础。

相关知识

微课

1. 微型盆景的特点

微型盆景特指盆钵小于手掌范围的微型艺术盆栽,又称"掌上盆景"。一般微型树木盆景的高度在 10 cm 以下,微型山水盆景的盆长不超过 10 cm。

微型盆景的特点:体积小、重量轻;容易制作,成本低廉;摆设新颖、配置灵活。这类盆景因具小巧玲珑、造型夸张、线条简练和极具风趣等特点,极宜居室内陈设。微型盆景有自身独特的造型艺术,不宜生搬硬套其他盆景的模式。

在国内,盆景进万家主要依靠它。我国微型盆景名家有沈荫椿、吕坚、李金林、梁玉庆、林三和等。这里主要介绍微型盆景在选材、养护及陈设与鉴赏等方面的基本知识。

2. 选材与工具

1)植物材料

微型组合类盆景的植物因其线条简练精致,但又要求具有一定苍老姿态,因此植物一般选用枝叶细小、耐修剪、茎干低矮、生长较为缓慢的树种。适宜制作微型盆景的植物有针叶类的五针松、小叶罗汉松、黑松、锦松、白皮松、杜松、桧柏、真柏、紫杉等;杂木类有观叶树种红枫、紫叶李、紫叶小檗、斑叶枫、龟甲冬青、小叶女贞、花叶竹、金边瑞香、朝鲜栀子、水蜡、银杏、文竹、小叶白蜡、黄栌等;观花树种有杜鹃花、山茶、茶梅、福建茶、六月雪、梅花、碧桃、樱花、海棠、紫藤、紫荆、栀子、羽叶丁香、小叶丁香、榆叶梅、郁李、麦李、贴梗海棠、金雀、锦鸡儿、迎春、迎夏等;观果树种有小石榴、金弹子、老鸦柿、寿星桃、橘、金橘、山楂、枸子、胡颓子、火棘、天竹、枸杞等;草本类有菖蒲、鸢尾、半支莲、小菊、吉祥草、万年青、兰花、碗莲、睡莲、芦苇、水仙等;藤木类有金银花、凌霄、络石、常春藤、薜荔、爬山虎等。

2)山石材料

假山山石是指独块山石的石质结构受到常年腐蚀而自然风化形成错落嶙峋的自然山势的真山形象,它象征真山而又可媲美真山形态的典型集中,是一种可置几案盆盎中供作赏玩的山石。诗人苏东坡品石有其精辟的见解,如"石文而丑"形容石形的美姿奇态,言简意赅而形肖神似、恰到好处,即以"文"突出石形的清奇玲珑,用"丑"刻画石状的嶙峋古怪。

目前,常用的软质石有浮石、砂积石、海母石、芦管石、鸡骨石、玄武石、白松石等,常用的硬质石有英石、斧劈石、石笋石、木化石、锰石、太湖石、灵璧石、墨石、龟纹石、千层石、风砺石、钟乳石、溪坑石、玛瑙石、瓦卵石、蜡石、孔雀石、松花石、菊花石、砚石等。

3) 常用工具

(1)制作微型山水盆景常用工具　可参考山水盆景常用工具。

①钢锯:截锯山石用,如加工软质石,只要一根锯条即可。

②钢凿:挖凿山石纹理用,可备大小各多把,刀口不需锋利。

③钢刷:主要刷去石上的棱角毛头,刷出山石的细小纹路。

④尖凿:将双面榔头一面磨尖,便于敲凿洞穴或凹陷处。

⑤砂轮片:电动小型切割机,金刚砂轮,市场上有售。

⑥雕刻刀:可以用硬质金属钻头,在砂轮上磨成多种形状。

⑦什锦锉:石缝、石尖上锉磨用。

⑧钢丝钳:用于山石的细微处,辅助加工及拧断金属丝用。

⑨小型雕刻机:小型手提式切割打磨,用于硬质石的切割抛磨,是必不可少的工具。

⑩油画笔:大小一套油画笔用于调配涂刷颜料,也可用于清洁石质。

⑪颜料:水彩、广告色和丙烯颜料3种,用于山石染色和摆件着色。

⑫水泥:白水泥加广告色配成与石色相似的水泥,用于提高和勾缝之用,但要用强度极高的水泥。

⑬胶水:用802胶水拌入水泥能增强水泥牢度,微型水石用量少,可选用“百得胶”黏结。如要调整石块,可用铲刀铲下,不会损坏大理石盆。

(2)微型树木盆景制作常用工具　见图6.1,可参考树木盆景常用工具。

(a)　　　　　　　　　　　　　　(b)

图6.1　常用微型盆景制作工具

(a)自左至右:半圆铲、刻刀、镊子、小圆头铲、小耙子、眉剪、小尖头铲、小凹口剪、剪叶剪、镊子、尖嘴钳;

(b)自左至右:大凹口剪、铲刀、粗剪枝剪、细剪枝剪

①半圆铲:用于修饰苗木主干,使其表面粗糙、皴裂。

②刻刀:用于加工树干,使其形态有所变化。

③镊子:用于拔除盆土中的杂草。

④小铲子:用于泥床、泥盆铲土。

⑤小耙子:用于泥床、泥盆松土。

⑥眉剪:用于指上盆景剪叶。

⑦小凹口剪:用于去除较细树干或主枝表面有碍造型的疙瘩。

⑧剪叶剪:用于日常修剪树叶、细枝。

⑨尖嘴钳:用于夹紧或夹断金属丝。

3. 盆器与几架

"一景、二盆、三几架"是中国传统盆景的"程式",早在汉代就出现这种形式。微型组合盆景因其植物、山石体形精巧,则需要与它相适应的盆器、摆件、盆架、几架等。

1)盆

微型盆景的盆器同其他类盆景,唯一不同的是体量微型。盆器的选择一定要质地古雅、精细,可多采用宜兴的紫砂类微型盆、釉陶盆,也可选用一些精良的瓷质盆等。盆器的形状和色泽方面可多样化,既要与所栽植的植物色调相协调,又要富有对比变化。既突出所栽植物衬托主体,又互不矛盾。同时还要以树木姿态的飞垂倒挂、直立倾斜相应配盆。微型山水盆景一般以白色大理石盆和浅色宜兴釉陶盆为主(图6.2)。

图6.2　微型盆景用紫砂陶盆

对于微型盆景的初学者,不必急于购买价格尚贵的紫砂艺盆,暂且可以挑选一些废弃物作为替代用品,如酸奶、果冻小包装或美容品瓶盖等,但在使用前都需设法在"盆底"钻通一个排水孔,在"盆壁"穿刺多个出气眼(图6.3)。

2)几

几架是陈列盆景用的,其形状、质地、色彩等均能影响盆景的欣赏效果。几架实际是"几"和"架"两类的统称。"几"有茶几、书卷几、方几、圆几、案头几等各种形式,有大、中、小、微之分(图6.4)。

图6.3　练习用盆

图6.4　微型盆景用几

3)架

"架"指各种框架,如博古架(又称多室架)、窗架、橱架、落地架等,且大多为中、大型。根据材料可分为木架、金属架、塑料架等,盆景一般多用木质架,传统用红木、楠木为上品。几一般用于室内陈设,而架除室内外,还有露天架,露天架多放大型盆景,其材料多为大理石、水泥、金属制成,要根据盆景的体量、形式配制适宜的几架,以提高欣赏效果。小型和微型盆景置放在博古架、什景架、多宝架上,能将几种微型盆景布置成为一个组合整体,显得琳琅满目,趣味无穷,成为一个独特的画面(图6.5)。

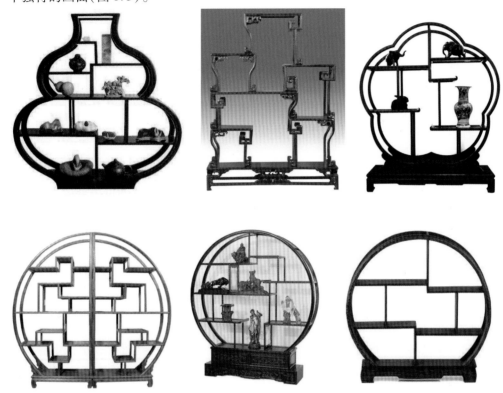

图6.5　微型盆景用架

4.配土与养护

1)配置盆土

微型盆景制作过程中,不同场合,盆土的组成成分也有所不同。配制盆土的主要材料简述如下:

(1)山泥　又称天然腐叶土,疏松透气,营养丰富,排水性能良好。浙江、黑龙江等地的黑山泥和江苏等地的黄山泥都是优质山泥。

(2)田园土　俗称黄土,泛指菜田、果园、苗圃等处常种植作物的土壤,团粒结构好,较肥沃,但排水性较差。

(3)腐叶土　将落叶、杂草、菜皮等拌入田园土或旧盆土内,以水相和,堆积压紧,经夏日曝晒,发酵腐熟后启用,这种为人工腐叶土。还有山坡和丘陵地带自然形成的天然腐叶土,较肥沃、疏松,排水性能良好。

(4)草木灰　系作物秸秆、农家柴草及枯枝落叶燃烧后剩余的灰粉,内含钾、磷、钙、铁、镁、硫等元素,质地疏松,吸热、保湿性强。

(5)河沙　选择较均匀、稍粗大的河沙,用自来水洗干净,去除杂质后可作插床基质。其保湿而透气,且含硅、钙、镁等有利于形成不定根的元素。

(6)盆土配方　盆土配方很多,这里推荐 3 种(各配比均以体积计量):

扦插泥床用泥:3 份山泥/1 份河沙/1 份草木灰;

普通泥盆(床)用泥:4 份田园土/1 份腐叶土 +1 份草木灰;

小蛋壳盆、微型艺盆用泥:5 份山泥 +1 份草木灰。

2)养护管理

微型盆景因其盆器较小,土壤不能配置过多,水分散失较快,故必须精心养护管理。光照要好,勤浇水、勤修剪、忌暴晒、忌重肥,最好 1~2 年冬末春初翻盆一次,换上新培养土等。一般只要不在展出期间,可放置在沙床或沙盘中进行日常养护保持湿度。

5. 陈设与鉴赏

1)微型盆景的审美特征

审美特征是指审美对象所呈现出来的一种美学特征。微型盆景的审美特征可归纳为如下 4 点:

①小中见大,以少胜多;

②自然美与艺术美结合,以艺术美为主;

③抽象多于具体;

④组合观赏为主,等等。

2)微型盆景的陈设与鉴赏

由于微型盆景的体量很小,单独观赏难以显眼,而且也较单调,所以宜把微型盆景搭配成组,或陈列于博古架上,这样才能发挥微型盆景秀逸典雅的艺术效果。成组摆设,可用数盆微型盆景高低参差地置于几架,也可用微型盆景与供石、摆件等相互衬映、相互呼应,并反映出某个主题。博古架陈设除摆设微型树木盆景与微型山水盆景外,也可以放入比例合适的人物、鸟兽等摆件和小供石、小花瓶、小茶壶、小香炉、小水盂等,既可打破单调的色彩,还能使微型盆景的意境更深远,更富有诗情画意。博古架陈设时应注意:

①陈设的微型盆景应注意植物的叶、花、果与盆、架之间的色彩对比,要做到红不成片,绿不成块,各种色彩显隐相映,才能使色泽和谐悦目。

②不可在架内顶天立地,以免产生臃肿、沉闷的压抑感,也不可过空,以免产生空脱虚旷的效果。

③要避免形态和品种的雷同,以免产生呆板、单调的感觉。

④应有大小之分,高低之别。

这样,既有丰富的变化,又能相互映衬,形成一个和谐的整体。

微型盆景在观赏时,与大中型盆景不完全相同,有其自身的特点:

①微型盆景所占空间较小,甚至超微型盆景可置于掌上玩赏,因此要求其景物四面都能观赏,"石看三面,路看两头"这一传统山水画的美学原则得到体现;

②在陈设时更讲究"一景、二盆、三几架"组合美,往往把各具形态的数盆微型盆景,组合陈设于几架(博古架)上,其中包括树木盆景和山水盆景,还可以配其他石玩、根艺、工艺小品等装饰(图 6.6、图 6.7),以达到丰富多样又和谐统一的观赏效果。

图6.6 微型盆景用动物配件   图6.7 微型盆景用人物配件

任务实施

本次任务单个学生即可完成,所以可以不分组,但学生间可以讨论。具体完成任务可以按以下3步进行:

(1)领受任务 教师分配任务,先让学生明白需要完成任务的内容,让其知道有关微型盆景的概念及特点、材料与工具、配土、养护与鉴赏。指导学生通过相关知识的学习可以完成以上任务。

(2)知识学习 学生明白任务后,学习知识点,了解微型盆景的概念及特点、微型盆景的材料与工具、配土、养护与鉴赏等基本知识。

(3)完成任务 学生通过知识点学习,回答各提问。教师进行点评并记录各位同学的表现及完成任务情况,给出综合评价等级或分数。

任务考核

每位同学独立完成任务,形成纸质作业或电子作业,有条件的可以做成PPT,每位同学准备汇报;指导教师根据学生任务完成的有效性、任务完成的态度、责任感及汇报的情况等进行综合评分(表6.1)。

表6.1 微型盆景的基本知识任务考核表

学习目标	评价标准	评价得分
理论知识 (20分)	先了解有关微型盆景的概念及特点,微型盆景的制作需要用到哪些材料与工具,然后了解微型盆景的配土、养护与鉴赏	
专业技能 (30分)	能区别微型盆栽与盆景;能知道微型盆景制作所需的材料与工具	

续表

学习目标	评价标准	评价得分
任务完成 （30分）	纸质作业、PPT,任务问答的有效性	
学习态度 （20分）	完成任务的态度、责任感	
综合得分及评价：		

任务2　微型树木盆景的制作技艺

 任务提出

依据当地的条件,选择合适的树苗或代用品,选择一种树木盆景的造型,完成创作一件微型树木盆景作品。指导教师准备一定量的苗木、枝剪、尖嘴钳、铁丝、棕丝、盆器、花铲、洒水壶等器材。

 任务分析

本任务在熟悉微型树木盆景制作要点的基础上,重点学习其制作过程和加工技艺。树木盆景是有生命的活的造型艺术。盆景艺术历来讲究"活"。就盆景而论,关键在于其意境的深浅、手法的新旧,而不在于体量的大小。因此要将主要的精力放在意境的创作上。微型盆景总的构思是:通过微小的现实空间,表现无限的艺术空间,反映无限美好的锦绣河山。尽量做到在每一盆微小树木盆景中,都能达到形微小而意境深远,使盆景的功能"小中见大"得到最充分的显现。总之,微而不假、微而意大和微而多样是制作微型树木盆景的基本要求。

 相关知识

微课

1. 微型树木盆景的制作程序

（1）选盆　因微型盆景体小玲珑,故用盆宜选用工艺精湛、形态雅致的特小花盆,以达到百看不厌、韵味无穷的观赏目的。

（2）选材　多选叶小、枝细、生命力强、易于上盆成活的树种。此外,一些苍老的小树桩也可选用。材料选择后,要注意养坯整形。先疏去过多的枝干和残断根系,伤口要剪平;栽在大于根系范围的泥盆中养护一年;换盆后再将杂乱、繁密的枝条实行疏截,为防止搬动或受风吹晃动而影响新根生长,对于那些树冠较大或主干较高的植株,还需要用绳索或尼龙捆绳围绕根茎连盆缠牢;而后进行养护。

(3)造型与上盆 优秀的微型盆景作品,不仅小巧玲珑,还应富有诗情画意。因此,要求作者具备一定的艺术素质和艺术修养以及较高的艺术表现力。在造型上,它与大、中型盆景基本相同,但要求更严谨、更精炼地表现主题和意境,技术难度也高于前者。上盆是微型盆景能否成功的重要环节。上盆最佳时节是初春,用树叶垫好盆的底孔,栽好后放在避风遮阴处1周,叶面喷水雾保持湿润。1周后可逐渐见光。

(4)养护与管理 由于用盆微小,植物生长所必需的土、肥、水必然十分有限。特别是水,一些微型盆景常因失水而枯死。为此,栽培时一般是将小盆浅埋于3 cm多厚的湿润沙床上,并经常向沙床注水以保持湿度。这样,一方面依靠盆壁渗透湿润盆土,另一方面其根系由盆底的排水孔伸入湿沙中吸收水分。浇水时可采取浸水法,春、秋季每天早晚各浇1次,夏季炎热时除注意遮阴外,还要每日浇水数次。浇水以喷雾法为主。由于盆小土少,养料不足,还需根据树种适当施以氮肥、钾肥或磷肥。经过一段时间的管理后,盆景树叶逐渐茂密,这时要剪去多余的枝叶,并做到宜疏不宜密,否则难以发挥艺术表现力。此外,随着植物的生长,根须也会稠密起来。枯萎的根须还会占领一定空间,故需及时翻盆。翻盆以1年1次为宜,并在春季进行。可先将老根四周的根须剪去一部分,并换上含腐殖质丰富的培养土,促其下长新根,上添新叶。翻盆后1周内也要保持避风潮湿环境,冬季还要防冻保暖。

(5)陈设 微型盆景必须成组陈设才会产生多彩高雅的艺术效果。与其配用的什景架一般多为黑色,且造型要求古色古香,雅致端庄。在其上配置组合微型盆景,会衬托盆景的微妙风采(图6.8)。

图6.8 微型树木盆景的陈设

2.微型树木盆景加工要领

微型树木盆景加工要领主要有主干、枝丛、根系的加工。

(1)主干造型 桩景小品的主干是植株显露其艺术造型的主要部分,可根据主干的自然形态见机取势、顺理成章,或者叫因干造型,如直干式,主干不需蟠扎,蓄养主枝即可;斜干式,上盆时只要把主干偏斜栽植,倾侧一方的枝丛应多保留,长而微垂些;曲干式、悬崖式,可用硬度足以使主干弯曲成型的铁丝缠绕干身,使之弯曲成符合构思的形式,为增强苍古感,可对树干实行雕琢,或锤击树皮。

(2)枝丛造型 枝叶不宜过繁,否则地上地下失去平衡,应以简练、流畅为主,以达到形神兼备,充分显示自然美。对那些不必要的杂乱枝条,尤其影响到艺术造型的如交叉枝、反向枝、平行枝、轮生枝、对生枝、"Y"叉枝,都应除去或实行短截、变形。蟠扎枝条时,要根据原有形态而设计构思,然后适当地作画龙点睛式的加工,虽由人作,宛自天成。造型设计中,布势要有所侧重,或左虚右实,或右虚左实,使枝丛能给人以疏密有序、错落有致的感觉。

枝条蟠扎造型的方法有:棕丝蟠扎、铁丝蟠扎、折枝法、嫩枝牵引法、倒悬法和倒盆法。嫩枝牵引法是把预制成型的铁丝一端固定在老枝干上,再把柔软的新生枝条缠绕在铁丝上,或捆扎在铁丝上,这种牵引法可使新枝条形态更具自然美。倒悬法是在萌芽前,将枝条柔软的树种,用麻绳或尼龙捆带捆牢盆钵,倒着悬挂起来,由于植物向上生长的习性,嫩枝都倒转向上生长,待新梢长到一定程度时,解下倒挂盆钵,恢复正常位置,枝条由于趋于木质化,便形成垂枝纷披的形式。倒盆法是为了使小菊扦插苗形成悬崖式,早期可把盆放倒以达到干身造型的目的。

（3）露根处理　微型盆景露根可以弥补盆面上细小树干的单调感。一般说来,可在上盆时将根茎部位直接提起,稍稍超越盆面,用泥土或苔藓壅培,经日常浇水和雨水冲刷逐渐裸露出根系来。对于根系强健的树种,如金雀、火棘、贴梗海棠、榆树、迎春等,可将它们的部分根系沿着根茎处盘结起来,上盆定植时让其裸露在盆面,形成盘根错节、苍古入画的意境。

（4）配盆　上盆定植时,还要根据树形姿态配上相宜的盆钵,以增强其艺术效果。一般情况下,高深的签筒盆适合于悬崖、半悬崖式;腰圆或浅长方盆,栽植直干或斜干;圆形成海棠形盆,宜配干身弯而低矮的植株,多边形浅盆宜植高干植株,使上面着生细枝,呈现柔枝蔓条、扶疏低垂之态,显得格调高雅、飘逸。

3.微型树木盆景的制作实例

这里以绒针柏树种曲干式微型树木盆景为例（林三和等编著的《指上盆景制作入门》,福建科学技术出版社,2007年）,演示微型盆景的制作过程,具体如下（图6.9）：

①一棵在小蛋壳盆里培养、控制了一段时间的绒针柏,它的树丛蓬径与树干粗度相比,显得偏大。②为求协调,现剪截去左侧分枝。在切口创面上涂抹些黏土,这样做可以减少水分蒸发。③选取两根粗细合适的铅丝,将它们并拢后用来绑扎主干。自下而上绕到分枝时,再将合拢的铅丝扯开,继续以单根铅丝缠绕分叉的树枝。④小心地用力弯曲主干,并另用细铅丝补充缠绕细枝。⑤绑扎弯曲后,对枝叶进行修剪。⑥经过以上几步整形造型后,绒针柏方显英姿。随后剪短须根,为上艺盆做好准备。⑦选取一只大小得体的橙黄色方斗艺盆,将已定型的绒针柏植入盆内。⑧稍作调整后,用细包塑电线把树与盆固定住,以防植株意外倒伏。至此,绒针柏（曲干式）指上盆景制作完毕。随即将该盆景浸透水后放到通风偏阴的地方养护一段时日。

图6.9　微型树木盆景的制作

任务实施

本次任务单个学生即可完成,所以可以不分组,但学生间可以讨论。具体完成任务可按以下3步进行:

(1)领受任务 教师分配任务,先让学生明白需要完成任务的内容。然后指导教师演示并传授要领,拿出微型树木盆景作为示范样品,让学生熟悉制作微型树木盆景的程序及技术要领。然后让各组领取植物材料和制作工具。

(2)知识学习 学生明白任务后,通过观摩指导教师的操作演示,及时与学习相关知识结合,熟悉微型树木盆景制作的程序。

(3)完成任务 学生通过知识点的学习及观摩演示,按照选材、设计造型、蟠扎修剪造型、选盆、上盆、装饰、命名的过程,完成作品。教师给每个作品进行讲评打分,指出优点和不足之处,不及格者重做,直到学会。最后教师给出综合评价分数。

任务考核

每位同学独立完成任务,准备汇报作品;指导教师根据学生作品完成的质量、态度等进行综合评分(表6.2)。

表6.2 微型树木盆景的制作任务考核表

学习目标	评价标准	评价得分
理论知识 (20分)	微型树木盆景的制作程序; 微型树木盆景材料选择及造型技术要领	
专业技能 (30分)	会进行植物材料的选择及造型技术要领; 初步会创作微型树木盆景	
任务完成 (30分)	1件微型树木盆景作品	
学习态度 (20分)	制作作品的态度	
综合得分及评价:		

任务3 微型山水盆景的制作技艺

任务提出

依据当地的条件,选择合适的石材或代用品,选择一种山水盆景的造型,完成创作一件微型山水盆景作品。指导教师准备一定量的石材、配件、盆器、钢锯条、雕刻刀、胶合剂等器材。

任务分析

本任务在熟练微型山水盆景制作要点的基础上,重点学习其制作过程和加工技艺。盆景艺术历来讲究"活"和"真"。山水类盆景同样要求是"活"的真山真水,即使假山,也要真做,使之成为自然山水的真实写照。总的构思是:通过微小的现实空间,表现无限的艺术空间,反映无限美好的锦绣河山。尽量做到在每一盆微小的山水盆景中,都能达到形微小而意境深远,使山水盆景的"咫尺千里"功能得到最充分的显现。

微型山水盆景的制作,首先是选石。主峰选择,根据盆器大小挑选主峰,主峰形状、大小、色调、观赏面纹理、形状动势、纹理去向等因素在盆景中起着"基调"的作用,其余配峰、山脚都要统一于它,从属于它。接着,挑选配峰,配峰形状、大小、色调、纹理等要与主峰相匹配相协调,在统一的前提下求变化。接着,锯截,试做布局后便可锯截。然后在盆中布局,装饰。最后命名,完成作品。

相关知识

1. 微型山水盆景的制作程序

(1)选盆　微型山水盆景用盆和一般山水盆景用盆有所不同,因为微型山水盆景盆长不超过10 cm,如果再比较窄,就不好造型了。常用的微型山水盆景盆长与宽之比为2∶1,也就是说盆长8 cm,宽4 cm。有的盆长与宽之比为3∶2,盆长9 cm,宽6 cm。

(2)选材　既可用软石,如浮石、芦管石,也可用硬石,如斧劈石、锰矿石、木化石等。

(3)造型　微型山水盆景的造型常采用偏重式、高远式或深远式,一般不用平远式。微型山水盆景虽小,如果没有有生命的草木加以衬托,有秃山荒岭之嫌,欣赏价值也差。常在山石上栽种具有大树形的草本植物半枝莲(因叶只有芝麻粒大,所以又称芝麻草),以草代木。

(4)点缀　因山水盆景小,难以表现出山峰的高大雄伟,就更需要以小见大的表现方法。若在盆内适当位置点缀仅有1 cm高的小配件,就能衬托山峰的高大突兀。

(5)养护　因盆景小,盆中的水就更少,若山石上有草木,在炎热的夏季,每天都要浇两次水,才能维持草木对水分的需要。在夏季为了好管理,可把几盆微型山水盆景置于湿沙盆中,观赏时再置博古架上。

（6）陈设　可以把多间微型山水盆景进行组合陈设（图6.10）。因微型山水盆景小,单独陈设和室内家具难以协调,所以常把几件微型山水盆景和1~2件微型树木盆景同时陈设于博古架上。为了使博古架丰富多彩,在博古架内摆放1件做工精湛的小工艺品就更好。

图6.10　微型山水盆景的陈设

2. 微型山水盆景制作要点

1) 对山水意境的把握

在制作之前,要了解山水的大概,正如画理上所云:山的顶类是"巅",峭壁相连是岭,有山洞的是岫,峭壁称作崖,悬石称作岩,圆形的为峦,路通的为川,两座山之间的道叫壑,两座山之间的水叫涧,形状像岭但比岭高的叫陵,一眼望去开阔平坦的叫坂。这对盆景制作者来说是必须的,且是非常有用的,以此能很好地表达山石属何种类型。

制作山水盆景,更要以表达万水千山的意境为主。如表现春景——山色青葱,雾气笼罩大地,云烟如绢素那样洁白,大地刚有苏醒的感觉;表现夏景——古木参天蔽日中瀑布从崖上穿过云雾飞流而下,水边幽幽然,有凉亭可避暑气;表现秋景——以浅橘色,呈天水一色,大雁飞翔于秋水之上,幽林簇簇,大地泛红,满山是鲜艳的色彩;表现冬景——以白色山石为主,借以满山布雪,樵夫背着柴禾,渔翁在岸边垂钓,渔船停泊在平平的沙滩上,一片安静祥和的感觉。再如,盆景中表现各种气象变化要从细小的部位去描述,表现雨天——风吹树枝一面倒的摆动,行人打着伞或戴着斗笠,渔翁穿起蓑衣;表现时近黄昏——万里云开,山体青翠滋润,夕阳斜照。

制作山水盆景,要在心中对盆中的内容有一个总体的把握,一是按照盆的大小确定比例,可借鉴画理上所云:假定山为一丈,那么树就为一尺,马为一寸,人为一分。二是明确盆中的假山表达的是什么气象、哪个时节,要能辨别春、夏、秋、冬,然后确定盆中景物之间的宾主关系和群峰山石的态势。

盆中山石应不多不少,又有远近之别;如太少,则显松散。远山不能连着近山,中间要有过渡,其表现形式,绘画上可以在山腰处画出云雾环抱,石壁上以泉水来补充;盆景上只能在远山与近山中间安置小树,或者在山腰掩抱处安置寺舍民居、山的边岸坡堤处安以小桥,辽阔的水面以远行的船只来点缀、树林密处有人家居住。在山的危岩边应生长些古木,生长在土上的树,根长而干直;生长在石缝里的树,蜷曲而孤兀;古老的树干节多而半死。

凡要制作好每件山水盆景,山石高低不能一样,树不能雷同,山以树为衣,树以山为骨。整体构图不可过于繁杂,山石安排不可杂乱无章,要显露出山的秀丽。

微型山水盆景是以山石为主要素材,通过锯截、雕琢、胶合艺术手法,叠砌成峰峦起伏的崇山峻岭、浩瀚苍茫的江河大海等景色,再适当点缀一些亭台楼阁、小桥茅屋、风帆人物等摆件,表现大自然的山水风光。微型山水盆景的布局要服从整体性原则,要能在有限的空间里概括大自然的美景,借以各种山石形态,达到"情"和"景"的交融。

2) 微型山水盆景制作技巧

（1）相石　取石后观其形,制作前先要有一个初步构思,根据山石的特点纹理来安排主峰、中峰和低峰,按照峰形主次及山脚进行排列。纹理的横直在整体盆景中要求得到统一,使盆景达到线条美、整体美。

（2）锯截　经设计构思后,软质石可用钢锯截平,如不平可用沙皮锉刀磨平,但在初锯截时要在石干燥时进行。硬质石必须用电动切割机锯截,因石种硬度不一,所用的刀片型号也不一,通常采用 80 号金刚砂掺加水注入锯缝进行。要取得理想布局,必须反复地进行左右、前后、虚实、聚散的排列,然后再进行锯截。

（3）布局　构思设想基本成熟后,开始做形象加工,不论是峰或峦,山头要有各种形态,使山有动势;要注意山腰与山脚、坡滩的变化,尤其对远山、近岛、小礁要求高低平衡。石色的对比、呼应、补虚,增加层次均要反映主体效果,还要丰富变化,使山水盆景变化多趣。

（4）细部处理　微型山水盆景制作还要进行表面褶皱纹理的外廓处理,对石种的磨、刷、清洗、拼嵌和胶接、染色点苔等同时进行。

（5）布景　微型山水盆景主要是反映山水风景景色,表现其千姿百态、婀娜多姿的各种形象。故上盆布局应该有引人入胜,使人身临其境的感觉。山石做好、纹理清晰,只是成功了一半,还需进行布景,就是要将自然景色的精华尽收于咫尺盆盎中,表现自然山水的雄伟、奇特、秀丽、幽深、险峻;还要按大小比例配以桥、船、亭、塔、人物、植物等,以增添"情趣"。

3. 微型山水盆景的制作实例

这里以微型山水盆景作品《奇峰秀水》为例,简要介绍其制作过程。盆景名称:奇峰秀水;石种:木化石;尺寸:2 cm × 8 cm。作品制作中,先做石盆。盆石用章石锯片,用刀刻凹边及盆脚,因只有 2 cm 宽度,故选用细长小木化石,高低处理后再布置山型、配些树、船、亭,即是一景。主要制作环节如下(图 6.11):

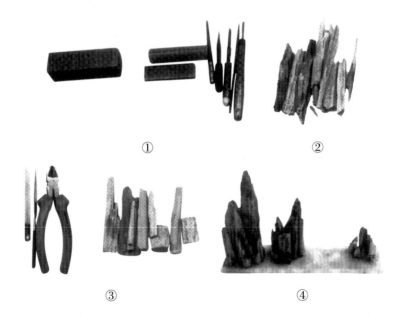

①　　　　　　　　　　②

③　　　　　　　　　　④

⑤ ⑥

图6.11 《奇峰秀水》微型山水盆景制作过程

①石盆用章石(青田石),用钢锯锯成薄片,再用刻刀刻成盆状。②采用大小不一的碎木化石作基石。③用钢锯将石材割平,底部可以竖立。④将石分为高、中、低三组分布,用百得胶粘牢。⑤用树根做小树,章石做些小船、亭子、宝塔。⑥只有2 cm宽的指上山水盆景就此诞生,命名为奇峰秀水。

任务考核

本次任务单个学生即可完成,所以可以不分组,但学生间可以讨论。具体完成任务可按以下3步进行:

(1)领受任务 教师分配任务,先让学生明白需要完成任务的内容。然后指导教师演示并传授要领,拿出微型山水盆景作为示范样品,让学生熟悉制作微型山水盆景的程序及技术要领。然后让各组领取石材材料和制作工具。

(2)知识学习 学生明白任务后,通过观摩指导教师的操作演示,及时与学习相关知识结合,熟悉微型山水盆景制作的程序。

(3)完成任务 学生通过知识点的学习及观摩演示,按照选石、锯截、布局、装饰、命名等环节完成作品。教师给每个作品进行讲评打分,指出优点和不足之处,不及格者重做,直到学会。

任务考核

每位同学独立完成任务,准备汇报作品;指导教师根据学生作品完成的质量、态度等进行综合评分(表6.3)。

表6.3 微型山水盆景的制作任务考核表

学习目标	评价标准	评价得分
理论知识 (20分)	微型山水盆景的制作程序; 微型山水盆景材料选择及造型技术要点	
专业技能 (30分)	会进行植物材料的选择及造型技术要点; 初步会创作微型山水盆景	

续表

学习目标	评价标准	评价得分
任务完成 （30分）	1件微型山水盆景作品	
学习态度 （20分）	制作作品的态度、责任感	
综合得分及评价：		

［作品鉴赏］

微型树木盆景《猴子捞月》鉴赏

盆景名称：猴子捞月；树种：地柏。指上盆景虽小，可是对景树的培养并非微不足道，而是跟做其他类型盆景一样，态度必须端正，不能急功近利，更不容弄虚作假。该小品中的地柏精心养护了整整十年，历经坎坷，尽管日久天长，难免有点瑕疵，但经遮陋补缺处理后，仍旧盘干曲躯、绰约多姿。那空中捞月的悬猴仿佛在向人们呐喊：想走好艺术之路，就勤练基本功吧（图6.12）！

图6.12　盆景作品《猴子捞月》

微型山水盆景《轻舟已过万重山》鉴赏

盆景名称：轻舟已过万重山；石种：木化石；规格：12 cm×24 cm。

题意：朝辞白帝彩云间，千里江陵一日还。两岸猿声啼不住，轻舟已过万重山（图6.13）。

图 6.13　盆景作品《轻舟已过万重山》

[技能实训]

利用瓶盖、小树苗及细铁丝、棕丝等训练微型盆景的蟠扎、造型技巧。

[思考讨论]

(1)谈谈微型盆景的概念和特点。

(2)思考微型盆景如何选材。

(3)讨论微型树木盆景和山水盆景的制作要点。

项目 7 盆景的养护管理

[学习目标]

知识目标：

(1)熟悉树木盆景的场地选择、浇水施肥、温度控制、树形维护、促花促果、翻盆换土、病虫防治等养护管理环节；

(2)熟悉树石盆景的场地选择、浇水、施肥、换土、病虫害防治等养护管理环节；

(3)熟悉山水盆景的浇水、山石清洁、苔藓植物繁殖等养护管理环节。

能力目标：

(1)能初步进行树木盆景和树石盆景的浇水施肥、树形维护、翻盆换土等养护管理环节；

(2)能初步进行山水盆景的浇水、山石清洁、苔藓植物繁殖与养护等养护管理环节。

[项目分析]

盆景养护管理的首要任务在于保持盆景植物的生命活力,延长盆景植物的寿命。盆景植物的艺术造型不是一劳永逸的,盆景植物的生长会不断改变甚至破坏已有的造型。所以,不断维持和完善盆景植物的艺术造型,这也是盆景艺术创作连续性的体现。本项目是学习盆景制作之后的养护管理知识,为盆景持续与完善艺术造型奠定基础。本项目的重点是盆景中树木、山石的养护;难点是树木的盆土、树上、越冬防寒等管理环节。

任务 1 树木盆景和树石盆景的养护管理

 任务提出

小李初步可以制作树木盆景、树石盆景和山水盆景了,并且也学习了一些植物养护的专业知识,但对于接下来的盆景养护心里依然没底。他心中依然疑惑:盆景中植物的养护有何难点?盆景植物养护有哪些环节?

根据以上情境,通过相关知识的学习,请完成以下任务:

(1)谈谈树木盆景和树石盆景中的树木的养护环节。

(2)谈谈树木盆景和树石盆景中的树木的浇水、施肥、修剪的关键点。

任务分析

要回答以上任务,首先得了解树木盆景和树石盆景养护环节的相关知识,然后通过训练掌握树木浇水、施肥、修剪等关键技术。只有通过实地训练才能逐步掌握盆景养护管理的基本技能。

微课

相关知识

1. 树木盆景的养护管理

盆景中植物的正常生长发育是盆景艺术表现的基础。绿叶、繁花、硕果都只能在活的植物上存在,植物一旦死亡,则叶落、花萎、果凋,盆景也就失去了艺术价值,植物盆景尤其如此。所以,盆景养护管理是盆景艺术活动的重要环节,是一项技术性与艺术性相结合的长期而复杂的工作。

1)合适的场地

盆景养护中,选择合适的场地是莳养树木盆景的前提,因为合适的场地能满足花木对光照的需要。各种花木对光照强度和照射时间有不同的要求。所以,场地的空间大小、光照强度、光照时数等条件决定适合养护什么样的树木盆景。房前屋后、居室左右、庭院角落等,凡是有空闲的地方,都可用来配置一定数量的盆景。庭院、阳台通风比较好,对植物盆景生长有利;室内桌几上也可放置盆景,既可养护,又可观赏,但室内光照和通风较差,对植物生长不利,可以和室外盆景定期轮换。

根据对光照强度的需求习性的不同,常见的花木盆景可分为三大类:

(1)阳性花木　这类花木喜强光,不耐阴,但也不是越强越好,在全日照下才能正常生长发育与开花结果。如光照不足,就会生长不良,枝叶徒长,叶色变淡,甚至难以花芽分化、开花结果,即使能少量开花,也比光照正常者花朵小、香味淡、凋谢快;若光照长期不足,严重时还可能导致死亡。这类花木有石榴、梅花、月季、银杏、榔榆、黑松等。

(2)中性花木　这类花木对阳光照度适应性强,日照需要量的可变范围较大,但在强光或蔽荫条件下均生长不良。因此,它们在春、秋要阳光充足,炎夏要略加荫蔽。这类花木如桂花、夹竹桃、蜡梅、六月雪、五针松等。

(3)阴性花木　这类花木在光照不足或在散射光照的条件下生长良好。一般要求蔽荫度在50%左右,强光下生长不良。这类植物原产于热带雨林或高山阴面及林荫下,如杜鹃、茶花、万年青、罗汉松、地柏等。

要注意的是,花木的"阳性"和"阴性"都是相对的。即使一些阳性花木,在炎热的夏季,也不能任其在阳光下暴晒(指栽于浅盆的中小型盆景植物),需要适当地荫蔽;阴性花木也不是完全不需要阳光,只是需要一定的弱光照射而已。

除阳光外,月光和人工光照对花卉盆景也有奇妙的作用。据试验,月光照射有利于花木的生长发育。月圆时,其光相当于 40 W 电灯相距 15 m 处照度,月光虽然微弱,但能促使一些花木生长。例如,在月光下,栀子花香气更浓,杜鹃花开得更好。此外,在自然光照不足的情况下,可采用人工电灯光照给予补充,也能达到定期开花的效果。

2) 适量的浇水

(1)浇水的依据与原则　浇水是树木盆景养护的关键工作。浇水看似简单,要浇至恰到好处,也不容易。树木盆景的死亡,有相当一部分与浇水不当有直接关系。依据季节的变化、天气的不同和树木的品种特性、年生长周期来控制浇水时间及浇水量。树木盆景浇水的原则是"不干不浇,浇则浇透"。"干"指盆内表土"发白",即呈灰白色,并非盆土从上到下全部都干。"透"指盆土不再吸收水分,盆底排水孔有水漏出为浇透。

盆土水分过多,树木出现缺氧。盆土除供给盆栽树木水分、营养外,还要维持树木的正常呼吸。随着盆土干和湿的交替,盆土内的空气也不停地变化,使植株根系得以进行正常呼吸。每次浇完水,短期内,盆土缺氧,树木的根系是能忍耐的。但若盆土长期过湿,会造成长期缺氧,引起根系糜烂及其他病害。此外,较多的水分,容易引起树木徒长,从而影响树形和观赏。

盆土水分不足,树木出现脱水。若盆土长期处于干燥状态,氧气充足,而水分不足,同样会导致树木生长不良甚至枯死。树木呈现出嫩枝发蔫下垂,叶片枯萎、发黄、脱落;针叶树种的针叶变软,丧失刚劲刺手感;缺水严重时,小枝皮层皱缩如鸡皮疙瘩。如在夏季遇到此情况,应立即把树木移到荫蔽处,待温度下降后,先向叶面喷洒清水,过片刻再向盆内浇少许水,1 h 后方可把水浇透。对脱水严重的树木,切忌立即 1 次把水浇足,因为树木在严重脱水的情况下,根部皮层已经萎缩,紧贴木质部,突然大量供水,根系会因迅速吸收水分而膨胀,造成皮层破裂,导致树木死亡,因此需要有一个逐渐适应的过程。严重缺水的树木经过上述处理后,最好在荫棚下养护几天,恢复后再置于阳光下培育。

(2)浇水方法、时间及次数

①浇水方法

a.普通浇水法。这是最常见、最简单的一种浇水方法。浇水时,除为了提根要用水冲刷根部外,在一般情况下,壶嘴不应离盆面太高,以免把盆土、青苔冲掉(图7.1)。

b.喷水法。此法主要适用于针叶树种,并在冬季用来清除竹类、苏铁类等常绿植物叶片上的尘土。落叶类树木不宜经常向叶面喷水,这类树木如果经常喷水,会使叶片肥大,枝条徒长,从而影响造型。新栽树木或刚换盆的树木,为弥补根部吸收水分之不足,应每日向树木喷清水1~2次,可提高成活率和加快复壮。微型树木盆景常用小喷壶喷水,大中型树木盆景常用较大的能浇能喷的两用壶向叶喷水。

c.浸水法。微型盆景以及盆土上青苔凸出盆面的浅盆树木盆景常用浸水法供水。即把小型、微型盆景放入较深较大的空盆内或有一定深度的塑料盘中,然后加水到微型、小型盆景的盆口下沿,使水从盆景底部排水孔渗进到盆土内,待盆景表面土壤由干变湿时即为浇透。小型微型盆景数量较多时,为便于管理,常把5~6盆或更多的小型及微型盆景同时置于一个较大塑料盘中,然后加水到适当深度浸水(图7.2)。

图7.1　普通浇水法

图7.2　浸水法

②浇水的时间、次数：要根据树木不同的生长季节、气温、天气变化等情况灵活掌握浇水的时间、次数。对原产于湿润地区的棕榈、杜鹃、竹类等树木，盆土可适当偏湿一些；而对松树、苏铁等树木盆土偏干些为好。春末及夏季，气温高，水分蒸发快，大部分树木处于生长旺季，需水量大，应早、晚各浇水1次。而秋末、冬季气温低，水分蒸发慢，多数树木即将或已经进入休眠期，浇水量应相对减少，3～5 d或7～8 d浇一水即可，而且应在一天之中气温较高的中午前后进行。在梅雨季节要少浇或不浇水，如遇连续降雨天气，应及时排除盆内积水或把盆放倒。此外，浇水时要注意避开正在盛开的花朵，很多花木的花朵被水冲后，都将给花期和花后结实带来直接的不良影响。

（3）浇水的水源　给树木盆景浇的水源有以下3种：

①自来水：用自来水浇树木盆景时，先在水桶或水缸晒1～2 d，释放漂白剂及调节酸碱度后，使用更好。

②河湖水：用河水、湖水浇树木盆景时，一定注意不要用有污染的河水、湖水，否则对树木生长不利，严重时可导致树木死亡。

③地下水：有的地区居民用水抽取地下水，因为地下水的温度差别很大。用地下水浇树木盆景时，最好把地下水在水桶、水缸中放1 d后再用。

（4）浇水术语

①扣水：扣水即适当地少浇水。从原来浇水量的数额中减去一部分为扣水。一些观花盆景，如梅花在花芽生理分化的前期，5月下旬至6月下旬，适当少浇水，以减慢枝条生长速度，当新生枝梢有轻度萎蔫时再浇水，这样反复几次有利于花芽的分化。再如榆树盆景上盆或翻盆时，常把根系剪除一部分，根系伤口作防细菌侵入处理后，用潮湿的培养土栽种好，当天及第二天都不浇水，以防树液外溢，影响成活或复壮，可向枝干上喷水，这样少浇或1～2 d不浇水都属扣水。

微课

②找水：找水又称补水。在炎热的夏天，早晨给树木盆景普遍浇1次水。因为盆的大小、深浅不同，叶片的大小、疏密有别，水分蒸发多少不一，下午5点左右要认真查看盆土干湿情况，凡盆土已干的都要浇水。因为不是普遍浇水，浇水多少不同，行业术语称其为找水。

③放水：放水即加大浇水量。树木盆景在培育期，为了使枝条多、树干尽快长到理想粗度，以及观果盆景坐果后，为使果实长得更大，结合使用追肥、加大浇水量，这种加大浇水量的方法称放水。

3) **合理的施肥**

（1）肥料的种类

①按肥料的性质分

a. 有机肥料。即以有机物质成分为主的肥料，如人畜粪尿肥，植物的堆肥、饼肥，动物的蹄、角、骨等。这些肥料成分很多，含有多种营养元素，来源渠道广，制作方便，分解过程缓慢，成本低，是栽种花木最常用的肥料。

b. 无机肥料。由天然矿物质经专门加工制成，富含矿物质元素，如尿素、硝酸钾、硫酸铵、磷酸二氢钾等。

c. 微生物肥料。即微生物菌肥。微生物菌与植物共生，吸收有机及无机营养元素，提供给花木利用，如固氮菌肥料、根瘤菌肥料等。

②按肥效发挥的快慢分

a. 速效肥料。这种肥料易溶于水，施用后能很快被植物吸收利用，如腐熟的粪尿肥、磷酸二氢钾水溶液、尿素水溶液等。

b. 迟效肥料。这种肥料施入土壤后，需经过分解转化才能被花木吸收利用，如磷矿粉、新鲜粪尿肥。

c. 长效肥料。这种肥料在土壤中转化速度缓慢，能保持较长肥效，如动物蹄角片肥。

（2）肥料所含主要营养元素

①氮肥：如人粪尿、饼肥、硫酸铵（又称肥田粉）、尿素等。氮肥促进植株的营养生长，即促进植株枝叶的生长。一些观叶树木如苏铁、南洋杉、棕竹等在整个生长过程中，都需要较多的氮肥。当树木已经成型进入观花阶段，要孕育花蕾、开花时，氮肥不宜施得太多，氮肥过多，容易引起徒长，从而抑制花果发育，降低盆景观花观果的效果。

②磷肥：如禽粪、骨粉、草木灰、过磷酸钙、磷酸二氢钾等。磷肥促使生殖生长，即促进花木孕蕾、开花、结果。

③钾肥：如草木灰、蓖麻饼、硝酸钾、磷酸二氢钾等。钾肥能促进花木茎干发育和根系的生长，提高光合作用，弥补冬季室内光照不足。钾肥能使花色鲜艳美观。

（3）肥料的收集　住在城镇，常为缺少肥料而发愁，其实在日常生活中处处都可以收集到肥料。如牛、羊、猪、鸭、鸡的骨头及其内脏，蛋壳，鱼刺，人的头发，鱼鳞，鸡、鸭的羽毛，猪、牛、羊等动物的蹄、角，都可用来作基肥，其肥效可长达 1～2 年。刷奶瓶的水经发酵后，都可作为追肥的肥料。尤其是将煎中药剩下的渣子发酵后作花肥，其营养成分较全，保水性能又好，还不生蛆，是上乘花肥。沤肥时，可先放一层有机物，撒一层土再放一层有机物，再撒一层土，这样一层一层地堆积起来，或者把有机物和土，基本按 1∶1 的比例混合均匀后，放入土坑内或大瓦盆中，上面撒一层较厚的土封顶，然后浇足水并保持其潮湿，经过一个夏季发酵，第二年挖出来就可使用。

值得一提的是淘米水的利用。不论大米还是小米的淘米水都含有很多营养，取之方便又无异味，变废为宝一举两得，可直接用淘米水浇花木，如果平时把水倒入桶中或缸中发酵后再使用更好。如果当肥料用，可用淘米水的原汁 3 d 左右施 1 次；如果当普通水浇花木，要在淘米水中加入等量普通水后再浇花木。尤其是夏季，大多数树木盆景 1～2 d 浇 1 次水，如果都用淘米水当普通水浇，肥料又太多了。

（4）施肥原则、方法和注意事项

①施肥原则：施肥时注意选择恰当时间，薄肥勤施，比例得当。施肥应根据季节的变化、树种特性和不同生长阶段的需要，掌握施肥的种类和施肥量，做到适时、适量。一般在春末和夏季，植物进入生长旺盛期，要多施肥；入秋后生长速度缓慢，应少施肥；冬季大多进入休眠期，应停止施肥。观叶盆景应适当多施氮肥，观花观果盆景宜适当多施磷肥。喜酸性的树木应适当施用"矾肥水"，即在泡制液肥时，加入1%左右的硫酸亚铁，经发酵腐熟后使用。

②施肥的方法：施肥要遵循"基肥要早，追肥要巧"的原则。即基肥有一个腐熟的过程，肥效慢，所以要早施，而追肥的肥效快，可以根据具体需要的量及时控制使用。

a. 基肥。在上盆或换盆时施入盆底部土中的肥料叫做基肥。盆景的基肥，多用固体肥料，如动物蹄片、骨头、腐熟饼肥等。

b. 追肥。追肥是在植物生长期，为补充盆土中某些营养成分的不足，而追施的肥料。常用方法有两种：

● 根部追肥法：即腐熟的饼肥水、蹄片水、人粪尿水、"矾肥水"等液肥加水稀释后施入盆内。但这些液肥臭味很大，不宜在室内使用。给室内盆景追肥，用0.2%磷酸二氢钾和0.3%尿素各半的混合液，浇入盆内。这种方法一般花木盆景都可用。

● 根外追肥法：如花果类盆景在开花前可用0.2%磷酸二氢钾液向叶片喷洒，可以促进植物开花结果，提高坐果率，肥效迅速。这种方法又称叶片施肥法。

③植物盆景施肥应注意的要点：

a. 施肥要用经过发酵的熟肥。施用未经发酵的"生肥"后，"生肥"在盆内有限的土壤中发酵所产生的热量，易把植物的根烧伤。

b. 施用液肥应遵循"薄肥勤施"的原则，最好把浓汁液肥稀释10倍左右后再用。

c. 刚上盆的盆景植物不要马上施肥。因上盆时对根系进行了修剪，形成创伤，伤口尚未愈合施肥，对伤口愈合不利，轻者植株生长不良，重者伤口霉烂，导致死亡。

4）适宜的温度

温度的变化，直接影响花木的生长发育及开花结果。常见的花木一般在3～35 ℃都能生长。由于各种花木原产地的温度不同，所以其所需的最低温度、最适宜的温度、最高温度也各不相同。

根据花木对温度不同的要求，可将花木分为以下三大类：

（1）耐寒花木　这类花木原产于温带或寒带，抗寒能力强，在我国北方能露地越冬，一般能耐0 ℃以下的温度，有的能耐－10 ℃的温度，如柽柳、梅花、迎春、黄栌等。但盆栽后由于盆土有限，抗寒能力降低，需要适时移入室内越冬。有的宿根花卉在严寒到来之前，地上部分虽已完全枯死，但地下的部分依然存活，翌年春天还会发芽生长。

（2）半耐寒花木　这类花木原产地大多在温带较暖和的地区，如月季、葡萄等，有一定的抗寒能力，在我国南方能露地越冬，在我国北方地栽，需包草或培土等加以防护，方能越冬。

（3）不耐寒花木　这类花木原产热带或亚热带，生长期间需要较高的温度。这类花木不论是地栽还是盆栽都不能在室外越冬，冬季要移入温室内养护，如叶子花、福建茶等。

另外，温度与湿度是密切相连的，温度越高，要求湿度越大，否则花木就会被灼伤。增加花木生长环境湿度的方法，一是向叶面喷水，二是向地面洒水。在日常管理中，经常将喷、洒同时进行。

用温度来调整花期,以满足观赏的需要。盆景爱好者也可应用这一技艺。梅花、迎春在华北地区,自然花期在3—4月,如果春节时要观赏这两种花,应提前数十日把盆栽梅花、迎春从低温室内移至温度高一些的向阳室内。如放置于封闭阳台,日平均温度在10 ℃左右,应提前30 d左右;如果放置于日平均温度在15 ℃左右的向阳处,把梅花、迎春从低温室内先移到室温10 ℃左右的向阳室内过渡3~4 d,然后再放置于15 ℃左右的向阳室内20 d左右,即可开花。

5)树形维护

已经具有良好造型的树木盆景,如果树形维护不当,可能直接导致枝条疯长,而面目全非。维护树木盆景已有良好造型的基本技艺:一是及时抹芽、摘心、摘叶,二是适时修剪。

(1)抹芽、摘心、摘叶　抹芽、摘心、摘叶是树木造型和保持树形的重要手段。根据设计、构图,通过抹芽、摘心、摘叶等手段,改变树形,减少不必要的营养消耗,使枝叶疏密得当,改善通风透光性,维护树形不变样,甚至可能使树形更加美观。

①抹芽:抹芽就是用手把新萌发出来的嫩芽从枝干上抹掉。萌发力强的树木,如梅花、迎春等,常常在主干或主枝上长出许多不定芽、叠生枝芽,若不及时抹去,放任其生长,不但白白消耗许多营养,而且由于枝叶密集、通风透光性能差,破坏了树形,影响花蕾生长。有些对生枝,不要等腋芽已经长成枝条后再除,应在嫩芽时期就抹掉其中的一个。抹芽时,一定要注意腋芽的角度,留芽角度不当,以后就会影响树形。

②摘心:摘心就是用手或用剪刀,除去新生枝顶端的芽头,以促使腋芽生长及坐果。摘心可控制枝条长度,缩短节距,枝条粗壮,小枝及叶片密集成形,树形更丰满充实。因树木种类不同,摘心的时间先后不一。松柏宜在4—5月摘心,葡萄树要在坐果后摘心,佛肚竹应在竹笋长到理想高度的80%左右时,把笋尖剪除5~7 cm。一些杂木类盆景如牡荆一年可摘2~3次。

③摘叶:盆景是一种造型艺术,叶片丛生密集,难以观看到曲折、苍劲、优美的树干,尤其是岭南派的大树型桩景,稀疏有致的叶片更能显示出枝干的奇特。因此,摘叶是树木盆景艺术造型的又一项技术措施(图7.3)。榆树的最佳观赏时间是在新芽刚长出不久。除春季自然萌芽外,如在6月及8月,将榆树叶全部摘除,并施1次腐熟有机液肥,使之很快长出新叶,这样一年之中,它就有3次最佳观赏期,从而提高了榆树盆景的观赏价值。

(a)　　　　　　　　　　　　　(b)

图7.3　摘叶

(a)摘叶前;(b)摘叶后

在一些杂木类盆景中,摘叶还能起到使叶片变小的作用,如荆条叶大且萌发力强,一年之中可多次摘叶,随着摘叶次数增加,叶片逐渐变小,更显出清秀的魅力。

竹类盆景四季常青,过密的叶片显得臃肿,疏除后更显得刚劲有力。

(2)修剪 修剪是树木盆景造型的一种主要方法,又是维护树形不可缺少的手段。修剪对协调树木盆景各部分的合理生长,维持盆景的优美姿态,促进开花结果,防治病虫害,都有重要作用(图7.4)。

(a)   (b)

图 7.4 修剪

(a)修剪前;(b)修剪后

①修剪时期:修剪的时期因树木品种的不同而有所差别。落叶类树木一年四季均可修剪,如在春夏季树木生长期,可随时剪除病枝、枯枝和细弱枝,剪除或剪短徒长枝。落叶类树木的重剪或细剪或修剪量大时,应在落叶后的休眠期进行,因树木落叶后,营养回流根部,修剪枝条的创伤对树木的影响小,并且视线清晰,对枝干的去留和枝条剪口角度的正确处理都有利。在修剪前要看清枝条芽眼的生长方向,正确取舍。对于常绿类的树木盆景,如果需要大量修剪时,时间可以在春季老叶集中脱落而新叶未萌动时进行,这样树体的营养损耗小,伤害也小。

②各类树木盆景的修剪:

a. 观花类树木的修剪。花芽多数在当年生的枝条上形成,修剪应在花落后进行。如梅花、迎春花可在花开败后,对枝条进行 1 次修剪,一般枝条留 2~3 个芽,需要生长的枝条可适当多留几个芽。修剪后,可促使新芽生长,有利翌年开花。

b. 观果类树木的修剪要因树而异。如石榴,是在结果母枝上长出的新枝上开花结果,一个新枝一般开 1~5 朵花,其中一朵在新枝的顶端,其余在腋生小枝上,枝条顶端的最易坐果。因此,在石榴开花坐果前,不能将当年生的新枝梢去掉。火棘、福建茶等一些树木,开花结果多在短枝上,待开花结果后,把影响造型的长枝剪短,留下 2~3 芽,使其形成结果母枝,或剪除。

c. 松柏类树木的修剪。宜在每年 3—5 月进行。因南北方树木发芽生长期差别较大,具体时间应根据实际情况确定。对松柏类树木主要是以摘芽来控制其生长,以保持树形。当新芽伸长、针叶还没有开放时,根据造型的需要把新芽剪除一部分。对影响造型的多余枝条可趁树液尚未达到流动旺盛期时将其剪除或剪短。

d. 落叶类树木盆景的修剪。一些落叶类树木生长比较快,如牡荆、对节白蜡等,1 年修剪 4~5 次才能保持树形。桎柳生长更快,仿松柏类造型的盆景在其生长旺盛的 6、7、8 三个月内每 7~10 d 修剪 1 次才能保持已造好的树形。

6)促花促果

通过养护管理,促进花芽分化,结出良好的果实,可以提高树木盆景的观花和观果效果(图

7.5,王林的木瓜盆景作品《春花秋实》)。观花观果盆景,当年花果繁茂,而翌年开花少,甚至不孕蕾不开花,更不结果,导致出现这种现象的原因有如下几方面:

（a）　　　　　　　　　　　　　（b）

图7.5　木瓜盆景的花和果

（a）花;（b）果

（1）果树大小年　果树都有"大小年"的现象,当年果实过多,消耗营养过多,影响了花芽分化,第二年开花少,结果明显减少。可以通过修剪枝条、疏花、疏果等技术措施,保持一定数量的果实。

（2）施肥不当　施肥要得当,否则过多造成枝叶徒长或肥害,过少营养不良,这些都会抑制花芽分化,自然第二年不会有可观的花果了。观花果盆景施肥时比观叶盆景及杂木类盆景要适当多施磷肥钾肥,才有利花果树木孕蕾、开花、结果。但施磷钾肥也不是越多越好,肥料过多出现肥害,导致树木生长不良,严重的造成树木死亡。

（3）浇水不当　浇水要适量,如梅花,花芽生理分化前期在5月下旬至6月下旬,在这期间要适当少浇水,以减慢枝条生长速度。当当年新生枝、梢尖有轻度萎蔫时再浇水,这样反复几次,有利花芽的分化。进入7月再常浇水。这种方法对石榴等盆景的开花结果效果同样明显。

7）适时翻盆

（1）翻盆的目的　翻盆的目的主要是为了更换部分盆土,有时还要更换盆钵,使盆景保持生长旺势并提高盆景的观赏价值。

①更新盆土:盆土是盆景植物赖以生存的物质基础。盆栽花木经1~2年养育后,根系布满全盆,大量新的须根沿盆壁而生,在盆四周形成一个网状兜,它们有的吸收不到营养,有的吸收营养不足,同时土壤肥力耗尽,土壤板结,保水、保肥、排水、透气性能日趋衰退,如不及时翻盆,势必严重影响植物的正常生长。有一些成型的树木盆景,翻盆只是为了更换部分盆土,仍用原盆。更换的新土,应符合该种树木对营养成分的需要。

②更换盆钵:随着盆栽植物逐渐长大,使盆钵和植物的比例失调,需要更换大一些的盆钵,并增添部分新土。对一些花果类小树木,加工造型后,养植的目的,是让其尽快长大成形,当初对盆并不讲究,有的仅用普通瓦盆或水磨石盆。经几年养植,树苗已长大,蟠扎物已拆除,树木已经成型,就要换成盆景用盆以供观赏了。所以此种换盆特别重要。新换的盆钵应兼顾观赏和植株生长两个方面,用盆不可太深,并注意盆色与花果色泽相协调。一般来说树冠的宽度要大于盆钵的长度,否则,盆大树小,很不美观。

③提高观赏价值:根据造型的需要把浅盆换成深盆,或者把深盆换成浅盆,或者改变树木种

植的位置或姿势,同时进行必要的加工,使盆景变得更加美观,观赏价值更高(图7.6)。有的盆栽花木遭到病虫害,难以用药物治愈和除掉,也就需要翻盆。有树龄不太长的树木盆景,一个造型款式观看几年后,观赏兴趣欠佳,根据树木特点,略经加工即可改变成另一种造型款式。

（a）　　　　　　　　　　　　　　　（b）

图7.6　翻盆时改变盆的深浅和款式

（a）原栽于签筒盆中牡荆悬崖式盆景;（b）去除主干换成小马槽盆培育副干成提根式盆景

（2）翻盆的年限　翻盆年限要根据树龄、树种的不同,灵活掌握。一般幼树生长快,需要每年翻1次,换成大一号的盆,最长也不得超过两年,已成型的树木盆景两年翻1次即可;老树可三年翻1次盆。花果类树木最好每年翻1次盆,增添部分含磷肥较多的土壤;落叶杂木可两年翻1次盆;松柏类树木生长慢,三年翻1次盆即可。

（3）翻盆的时间

①春季翻盆:一般花木在春季尚未发芽前的2~3月翻盆为好。但我国幅员辽阔,各地气候差异较大,应因地制宜,灵活掌握。一些落叶树木秋季落叶后也可翻盆。

②根据树木特点翻盆:有一些树木的翻盆时间要根据其特点而定,如佛肚竹翻盆时间在5月份或9月份为好。梅花、迎春应在花落后,结合枝条的修剪而进行。

③一年四季翻盆:如翻盆只是小盆换大盆,不弄破土坨,则一年四季都可进行。

（4）翻盆的方法

①磕盆:如果是翻用深盆栽种的花木,可把盆倒置,一边转动,一边用拳敲击盆口下方的盆身,使盆土与盆壁分离,把盆土磕出。如果是浅盆,可先把盆内周围靠盆边的土剔除,然后把盆倒扣或侧放,一手拿住树木,一手用食指或中指从盆底排水孔伸入盆内,把盆土顶出。

微课

②去除部分旧土:翻盆时,不论是换大一号的盆还是仍用原盆,都应把旧土除去一部分。如果是小盆换大盆,旧土可少去掉一些;如果仍用原盆,旧土应多除掉一些,但最多不应超过原盆土的1/2,旧土去得过多对根系损害大,轻者会延长恢复时间,重者将造成植株生长不良。在除去旧盆土的同时,应对根系进行1次检查,剪除枯根、烂根、过密根,剪短过长根。去除旧盆土时,应用竹片、竹棍或木棍,切忌用金属制品,以免把根系碰伤。

③准备新的培养土:盆土是盆中树木生长的基础,要栽培好树木盆景,首先要弄好土。树木在有限的盆土中生长得好坏,与盆土是否适合树木生长习性有直接关系。盆土对所种树木有固定植株或供给营养、水分和空气的作用。一般盆栽用土,要求含较多腐殖质、疏松肥沃、排水良好、保水力强和透气性好的沙质土壤。

不同树种对土壤酸碱度（pH 值）要求各异。大多数花木在 pH 值为 6~8 生长良好。一般来说,原产南方的花木喜弱酸性土壤,所以在北方栽培施肥时,注意多施几次"矾肥水",使北方弱碱性土壤变成弱酸性或中性土壤。而原产北方的花木在弱碱性或中土壤中生长良好,如栽培土壤酸度太大,可在土壤中加入适量的石灰粉。但个别花木也有例外,如柽柳能在碱性土壤中生长,杜鹃、山茶能在酸性土壤中生长,这只是少数树种,另当别论。

要把北方的弱碱性土壤改变为中性或弱酸性土壤的方法很多,速成的方法就是在普通的土壤中加入适量酸性花卉用土,这种方法适于中小型盆景或微型盆景用土,大量应用成本太高,如时间充裕,也可提前半年在要用土壤中加入1%的硫磺粉,混合均匀加水堆放备用。

城镇居民也可以自己简易配土。其方法如下:花卉盆景市场有多处销售袋装君子兰用土、南方花卉用土,其实是偏酸性腐殖土。根据自己莳养盆景数量购买几袋,再找些粗沙土(沙粒直径在1~5 mm)、已烧过的蜂窝煤块砸成粉末状又称蜂窝煤灰(煤粉加土制成的煤球,燃烧透后亦可使用)、菜园土若干备用。培养土简单配制方法:腐殖土50%、菜园土20%、粗砂、蜂窝煤灰各15%的比例调均匀后配制而成。上述比例系容积比例,并非重量比例。

④栽种:树木盆景造型的不同,在盆钵中的位置也不相同,一般地讲,树干应栽植盆中央,不偏左即偏右。栽种方法:

a.把根团旧盆土去除部分,对根系进行适当修剪。

b.把盆底排水孔用3~4层塑料窗纱盖好。

c.在盆底部放一层新的培养土,在其上放几块动物蹄、角片作基肥,然后再放一层培养土。

d.把树木放置盆内适当位置,用新的培养土固定好,把树木连盆钵一起放到一定高度,远看近瞧、前后观望,适当调整树木在盆中位置,到满意为止。

e.把盆中空闲处都填放新的培养土,再用手适当加压,把树木固定好。

f.向盆内浇水,向植栋上喷水,盆底排水孔有水漏出为浇透。

g.放背风蔽荫处10~15 d。在此期间每天向树上喷水1~2次,以补充根系损伤后吸水的不足。

8)常见病虫害的防治

树木生长在有限的盆土中,抗病虫害的能力一般地比地栽的同种植物要低,一旦发生病虫害,轻者造成树木生长发育不良,严重时可造成部分枝叶或整株死亡。因此,对病虫害应采取"预防为主"的方针,一旦发生病虫害,应按"治早、治小、治了"的原则根治,不使其蔓延。

(1)病虫害的预防措施

①施肥要施熟肥:用已发酵的肥料,不施用"生肥",施生肥易生蛆,生肥发酵过程中,产生热量对树木根系不利。施肥要薄肥勤施,不可用浓度大的液肥。

②盆土消毒:盆土使用前要在阳光下晒几天或经过加热等方法消毒,以消灭病菌、虫卵及成虫。

③场地清洁:经常保持盆景放置场地及其周围的清洁,杂草、落叶上常有害虫,应及时清除、烧掉。

④加强日常管理:浇水、施肥要适当,放置盆景场地的空气要流通,温度、湿度、光照要适宜。

⑤配置几架:盆景最好放置在几架上,不要直接放在地面上。这样既有利于排水、通气,又节约用地,便于管理,又可防止蚂蚁、蚯蚓等从盆底排水孔钻入盆内,危害植物的根系。

⑥预防喷药:如一株树木患有红蜘蛛或蚜虫,其周围的树木,甚至整个阳台上的花木,都要喷洒1次药物来进行预防,有的1周后再喷1次药。

（2）树木盆景常见的病害及防治方法

①白粉病：这种病常发生在梅雨季节，多危害花木的叶片、枝条、花柄和花芽。其病状是在受害部位表面长出一层白粉状物，被害花木生长不良，叶片凹凸不平或卷曲，枝条发育畸形严重时花少而小，叶片萎缩干枯，进而导致整株死亡(图7.7)。

白粉病的防治方法：浇水不要过多，用氮肥要适量，通风透光要良好。要经常清除放置盆景场地周围的腐枝烂叶，将其深埋或烧掉。在易发此病季节，向花木喷一两次波尔多液，有预防作用。当病害蔓延时，可用

图7.7 白粉病

70%甲基托布津可湿性粉剂700~800倍液体向花木喷雾，或用50%多菌灵可湿性粉剂500~800倍液体喷雾，并及时摘除受害枝叶，将其烧毁或深埋。

②黑斑病：主要危害花木的叶片，发病初期，病叶常出现一种褐色放射状病斑，边缘不明显，以后随病情发展，褐斑逐渐扩大成圆形或近似圆形，其直径一般在0.5~1.0 cm，并由褐色变成紫褐色或黑褐色，边缘也逐渐明显。病情严重时，花木下部叶片枯黄、脱落，对花木生长非常不利。

黑斑病的防治方法：除注意通风透光外，盆土不可太湿，施肥时不要把肥水洒到叶片上，如已洒上应立即用清水冲掉。如发现病叶应及时摘除，将其深埋或烧毁，并用65%代森锌可湿性粉剂500倍溶液或1%波尔多液每半个月向花木喷洒1次，连续喷3~4次。

③锈病：常发生在高温多雨季节，多危害花木的叶片、花茎和花芽，其中以叶片最为常见。发病初期叶面出现橘红色或黄色斑点，后期叶背布满黄粉(有的也呈黄褐色)，叶片焦枯，提早脱落，严重影响花木的生长和发育。

锈病的防治方法：要注意通风和光照，合理施用氮、磷、钾肥，氮肥施入不可太多。盆内不要积水，盆土也不可经常过湿。发现病叶要及时摘除，将其深埋或烧掉。如病害已经蔓延，可在晴天向花木喷1%波尔多液，隔7 d喷1次，连喷2~3次，或用65%代森锌可湿性粉剂500~600倍溶液喷洒。

④褐斑病：该病常危害树木叶片，叶片上病斑呈圆形或近似圆形，褐色或深褐色微小绒状小点或黑色小点，直径3~7 mm，病斑逐渐长大，严重时多个病斑相连成一片，最后叶片枯死。

褐斑病的防治方法：加强管理，及时修剪过密枝叶，使植株通风透光，盆内不要积水。发现病害叶片后及时剪下集中烧毁。药物防治可用80%代森锌可湿性粉剂500~800倍液，作叶面喷雾或喷洒波尔多液进行防治。

一般来说，用于预防性喷洒药物施用1次即可，如用于治疗病害喷洒，每周喷洒1次，根据病害轻重连续2~4次。

（3）树木盆景常见虫害的防治

①吸食花木汁液的害虫

a.介壳虫。介壳虫是小型昆虫，种类甚多，雌雄异体，大多数虫体上有蜡质分泌物。介壳虫是花卉常见的害虫，常群聚于植物的叶、枝、果上，吮吸其汁液，使被害部分枯黄，影响植物生长，严重者可造成植物死亡(图7.8)。

微课

图7.8 介壳虫

对介壳虫的防治方法:在养育花木过程中如发现个别枝条或叶片上有介壳虫,可用软毛刷轻轻地刷除,或把被害枝叶剪除,将其深埋或烧掉,并立即喷洒药物防治,常用80%敌敌畏乳剂1 500~2 000倍液体,或40%氧化乐果乳剂1 500倍液体,进行喷洒,每周喷洒1次,连续喷洒3~4次。

图7.9　红蜘蛛危害的叶片

b.红蜘蛛。红蜘蛛又称火蜘蛛,它并不是真正的蜘蛛,而是一种螨类,属节肢动物门蛛形纲。红蜘蛛个体很小,体长不到1 mm,体形为圆形或卵圆形,呈橘黄或红褐色。红蜘蛛繁殖能力很强,尤其在高温干旱的气候条件下繁殖迅速,危害严重。红蜘蛛分布很广,各地均有发生。它将口器刺入叶内吮吸汁液,使叶片的叶绿素受到破坏。危害严重时,叶面呈现密集的细小灰黄点或斑块,叶片逐渐枯黄甚至脱落(图7.9)。

对红蜘蛛的防治方法:当发现少量红蜘蛛时,应摘除受虫害的叶片,将其烧毁或深埋。如已蔓延,应及时喷药,可用40%氧化乐果加水1 200倍或80%敌敌畏乳液稀释1 500倍,喷洒受害植株。也可用呋喃丹(又称克百威)盆口直径20 cm的盆钵,取本品5 g挖4~5个浅坑埋入盆土中后即浇水,隔10 d再重复施用1次。

c.蚜虫。蚜虫又称蜜虫、腻虫,是一种常见害虫。蚜虫又分为有翅型和无翅型两种。其个体细小、柔软,有浅绿色、绿色、黄色等不同体色,繁殖力强,对花木危害很大(图7.10)。蚜虫经常几十个至百余个群集在叶片、嫩枝、花蕾上,用口器刺入植物内吮吸营养,造成植株畸形生长,叶片皱缩卷曲,严重者叶片脱落,植株死亡。

图7.10　蚜虫

对蚜虫的防治方法:当发现花木有少量蚜虫时,可用小毛刷刷掉杀死。如已蔓延,可用40%氧化乐果乳油1 000倍液或2.5%溴氰菊酯乳油3 000倍液等药物喷洒被害植株,喷洒时药物要稀释搅拌均匀。

②食叶害虫:常见的此类害虫有金龟子、刺蛾、夜蛾等。它们危害花木的共同特点是咬食叶片,轻者咬掉部分叶片,严重时把叶片吃光,使植株不能进行光合作用。

对食叶害虫的防治方法:剪除并烧毁长有害虫卵的叶片,用40%氧化乐果乳油1 000~1 500倍或90%以上晶体敌百虫1 000倍液等药物喷洒杀灭害虫。

③地下害虫:地下害虫是指土壤中的害虫,它们危害植物的根、茎和种子。这类害虫有几十种,其中较常见而又危害严重的有蝼蛄、小地老虎、蛴螬(金龟子的幼虫)等。

对地下害虫的防治方法:栽种树木时要清除杂草,杀灭土壤中的害虫。施肥必须用腐熟肥料,未经腐熟的生肥易诱发多种地下害虫。当发现盆土中有害虫时,可用40%氧化乐果乳油加水800倍,或用80%敌敌畏乳剂稀释1 000倍液体或90%敌百虫晶体1 000倍液浇灌根部杀除,用呋喃丹浅埋盆土中,埋后即浇水效果很好。也可将受害茎叶下面的土壤挖开捕杀害虫。

由于各地气候条件、植物品种、放置场地等不同,对植物发生的病虫害,应因地制宜,采取适当措施加以防治。

（4）盆景病虫害防治的偏方　花卉喷施农药始终存在着污染问题,为了减少农药对人体的危害,在农药的选择上应以有疗效而且对人体影响较小的农药为好。在家庭中也可用其他无污染的材料代替农药来防治盆景的病虫害。

①大蒜:因为大蒜中含有抗生素,可以有效地抑制病害的扩展。将整个大蒜头拍碎泡入1 000 g水中,浸泡2~3 h后即可取上清液喷施于盆景的病虫害部位,大蒜液可有效地防治叶斑病、炭疽病,还可以防治蚜虫。

②大葱:将葱1~2根泡入1碗水中,24 h后用泡葱的水喷施患白粉病、蚜虫的花卉,可以起到一定的治疗效果。

③姜:将生姜拍碎兑水约200倍,浸泡5~6 h后取上清液喷施盆景可治疗腐霉病。

④韭菜:韭菜捣碎兑水200倍左右取上清液喷施患蚜虫的花卉,可起到治疗作用。

⑤风油精:风油精兑水500倍左右喷施花卉,可防治蚜虫和红蜘蛛。

⑥醋:食醋兑水200~300倍喷施花卉可以治疗黑斑病、霜霉病、白粉病等真菌性病害,由于醋含有丰富的养分,还可提高盆景植物叶绿素的含量,增强盆景植物的光合作用,能促进其生长健壮,提高抗病能力。但因食醋含有盐,不宜多用。

⑦香烟头:3~5个香烟头泡入1碗水中,12 h后取清液喷施可防治蚜虫、红蜘蛛等病虫害。

⑧红霉素软膏、达克宁霜:用红霉素软膏或达克宁软膏将炭疽病、黑斑病、叶斑病、灰霉病、锈病等病害在叶片的正反面形成的病斑涂盖,并且涂盖范围要较病斑大。由于这类软膏本身含有杀菌的成分,可以杀灭叶片中的病菌病斑。在涂满软膏后由于不透气,病菌也容易死亡。同时涂满软膏后既防止病斑的向外扩大,也阻止了病菌的子实体散发到空气中,减少侵染其他花卉的机会。相对于喷药防治而言,此法简捷、方便,而且效果较喷药防治好。而且此法能迅速控制住病斑的扩展,对叶片损伤小,如能在发病初期即进行处理,在叶片上基本上不会残留枯斑。

虽然上述方法有较好的疗效,但在治疗有些盆景病虫害时有时效果并不明显,在使用时如发现上述方法效果不佳时还应用药防治。

2. 树石盆景的养护

树石盆景的日常养护,其目的是让盆中的树木植物生长良好,所以同树木盆景的养护是一样的,也要在放置场所、浇水、施肥、修剪、换土、病虫害防治等诸方面加以用心施用。但由于树石盆景用盆很浅,盆土很少的特殊性,尤其是水旱类树石盆景,盆中盛土很少,这就造成了养护管理工作中的难度。因此它要比树木盆景的养护管理困难些,平时如稍有差错即会使盆中树木枯萎和生长不良。所以平时的养护管理工作必须用心、细致才行。

1）场地

树石盆景虽然不宜在强阳光下曝晒,尤其是在夏季炎热天气,要采用遮阳网处理。但平时为让盆中的植物生长良好,也要将它放在通风透光处,以保持盆中植物有一定时间的光照和通风,因为一般植物要生长良好,都离不开这个条件。

除了在夏季要注意遮阳外,冬季遇寒流要提前将其移入室内或塑膜大棚中,以防受冻。如不能移动,则必须在寒流到来之前,将盆土浇湿透,并在盆面上覆盖稻草以防止寒冻。

在植物生长旺盛季节,如需放进室内观赏,应注意时间不宜过长,不可连续多日放在室内,以免影响植物生长。一般在室内放三四天后,即要拿出来放至室外通风透光处,待过四五天后才可再移至室内观赏,此时时间也不宜过长。

2）浇水

树石盆景的平时浇水工作非常重要。由于用盆很浅，盛土不多，平时盆土较易干燥，尤其在盛夏高温季节，要特别注意及时补充水分。一般可视天气情况而定，如春季艳阳高照时可早、晚各浇1次水。秋季风吹气爽时，每天也要两次浇水。夏季高温时除早晚两次浇水外，还可在中午追加1次喷水。

为防止盆土被水冲走，浇水时宜用细眼喷壶，喷洒后待水渗入土中，再重新喷洒，这样反复几次，才能使盆土吃够水。

平时除了正常浇水以外，还要用喷雾器对盆中树木、山石、盆面苔藓进行喷雾，以便树木、苔藓等生长良好。

3）施肥

在浇好水的前提之下，还要施好肥。因为浇水只是让盆中植物存活生长，但要想让盆中植物长势健旺，还要进行养分补充，没有足够丰富的养分补充，植物肯定生长不好。

树石盆景的施肥，应做到薄肥勤施。施用的肥水多以稀释后的有机肥水为好，无机肥尽量少用。肥水可用喷壶细洒，注意不要污染树木叶质。也可用一些颗粒状有机复合肥埋入土中，让植物自然慢慢吸收。

施肥时机宜在春、秋两季为宜，夏季不施。一般每周1次。秋季施肥很重要，一直可以至立冬后小雪前停施，此时为树木养分蓄积期，只有在此季节施够，让植物吸收充分的养料，为明年开春树木的生长打下基础，第二年树木才生长旺盛，而且冬季抵御寒冻、抗病虫害能力都很强。

4）修剪

树石盆景的植物修剪同树木盆景一样。由于栽植在盆中的树木一般都是已造型成型的树木，故在修剪时只需把重点放在树形姿态的维持上，即将长野的树枝剪短，对一些交叉枝、轮生枝、重叠枝、徒长枝、病枯枝及时予以剪除外，一般不需过于重剪。

每年修剪的时间宜在6月芒种左右和12月冬至以后，每年大剪两次。平时注意把徒长枝剪除。如遇作品要参加展出，则必须在展出15 d之前进行修剪，并摘除全部树叶，使其在展出时正好新叶萌芽，达到最佳观赏效果。但在摘叶修剪之前，必须提早将肥施好，促使其新叶萌发正常。

5）换土

盆中的树木生长多年后，须根会密布盆中，土壤也会逐渐板结，此时如不进行换土作业，则盆中植物的生长就会受到影响。

树石盆景的换土一般2～3年进行1次，多在春、秋季节进行。换土时先取下配件和点石，并记住其位置。待盆土稍干时，将树木从盆中取出，用竹签剔除约一半旧土，同时剪去部分过长过密的根系，换上疏松肥沃的培养土，然后再将树木按原位置栽入盆中，把点石按原位置放上，加以固定，放上配件，铺上苔藓，再喷洒水使盆土湿透。

6）病虫害防治

病虫害防治可参照同类树木盆景，平时宜经常观察有无病虫害，做到预防在前，除病灭虫在后。一般可每个月喷洒1次杀虫除病的药水，这样可保证树木免受病虫灾害，使树木生长健壮。

任务实施

本次任务单个学生即可完成,所以可以不分组,但学生间可以讨论。具体完成任务可以按以下3步进行:

(1)领受任务　教师分配任务,先让学生明白需要完成任务的内容,让其知道盆土管理、树上管理、夏季遮阴、越冬防寒等知识点,并对关键技术要点进行示范。指导学生通过相关知识的学习可以完成以上任务。

(2)知识学习　学生明白任务后,学习知识点,了解树木盆景的场地选择、浇水、施肥、温度控制、树形维护、促花促果、翻盆、病虫防治等养护管理环节;了解树石盆景的场地选择、浇水、施肥、换土、病虫害防治等养护管理环节。

(3)完成任务　学生通过知识点学习,并自我训练浇水、施肥、修剪、换盆等技术。回答提问及技能训练。教师进行点评并记录各位同学的表现及完成任务情况,给出综合评价等级或分数。

任务考核

每位同学独立完成任务,形成纸质作业或电子作业,每位同学做好技能训练和知识点汇报准备;指导教师根据学生任务完成的有效性、任务完成的态度、责任感及汇报的情况等进行综合评分(表7.1)。

表7.1　树木盆景和树石盆景的养护管理任务考核表

学习目标	评价标准	评价得分
理论知识 (20分)	树木盆景的场地选择、浇水、施肥、温度控制、树形维护、促花促果、翻盆、病虫防治等养护管理环节; 树石盆景的场地选择、浇水、施肥、换土、病虫害防治等养护管理环节	
专业技能 (30分)	能初步进行树木盆景和树石盆景的浇水施肥、树形维护、翻盆换土等养护管理环节	
任务完成 (30分)	纸质作业、PPT,任务问答的有效性	
学习态度 (20分)	完成任务的态度、责任感	
综合得分及评价:		

任务2　山水盆景的养护管理

任务提出

小李初步掌握了树木盆景、树石盆景的养护管理环节,但他对山水盆景心中依然疑惑:山水盆景养护与树木盆景、树石盆景的养护有何差异? 山水盆景养护有哪些环节?

根据以上情境,通过相关知识的学习,请完成以下任务:

(1)谈谈山水盆景养护与树木盆景、树石盆景的养护差异。

(2)谈谈山水盆景养护的浇水、清洁、植物养护的关键点。

任务分析

要回答以上任务,首先得了解山水盆景的养护环节的相关知识,然后通过训练掌握浇水、清洁、植物养护等关键技术。只有通过实地训练才能逐步掌握山水盆景养护管理的基本技能。

相关知识

要想使山水盆景山清水秀、草木及青苔青翠欲滴,终年常绿,就要根据不同地区、不同季节、不同植物及时采取适当的措施。

1)山水盆景的浇水

山水盆景的盆钵一般比较浅、盛水少、水分蒸发快,尤其在炎热的夏季,要经常向盆内浇水和向山石上栽种的草木上喷水,以利草木和青苔的生长,叶片无尘土显得苍翠而生机盎然。硬质山石盆景上的草木所需水分,只能从山石洞穴中不多的土壤中获得,在炎热的夏天向硬质山石盆景植物喷水次数,应比向松质山石盆景植物上喷水或浇水次数要多。因为松质山石盆景中的草木,除从洞穴中的土壤中获得水分外,还可以从潮湿的山石上获得水分。

向山水盆景盆内或山峰上浇水时要掌握"细、慢、勤"三点。"细"是指向盆内或山石上浇水时水流要细,因为山水盆景盆比较浅,山石上栽草种树的土壤不多,如果水流粗冲力大,浅盆内积存不住水,也容易把山石上栽种草木不多的土壤冲走。浇水时慢一些,也是为了减少水流冲力,使浅盆内能贮存到水,山石上栽种草木的土壤不被冲走。勤指浇水次数要勤,特别是炎热的夏天,上、下午各浇1次水才行。

山水盆景盆内长期有水,盆内常有污垢、水渍,影响盆景的观赏效果,也不卫生。所以应定期对盆进行清洗,放少许去污粉,用抹布擦洗干净。如果长时间没有清洗过盆钵,其水渍、污垢等相当严重,可用细砂纸进行打磨,方可使盆钵清洁如初。

用松质石料制成的山水盆景,摆放时间略长,山峰顶部常出现"白霜"样物,俗称"水碱",使盆景大为减色。为防止这种弊端的出现,每次浇水时,水从山顶部缓慢顺山峰流入盆中,把"水碱"向下压,使其窜不到山顶。

2）山石清洁

山水盆景由于经常浇水,会使盆中易受泥土、灰尘、藻类等污染,因此平时应多注意盆中的清洁,保持盆面干净,并经常换水。在寒冷的冬季,山石会遭受冻裂,风化疏松,因此要移到背风处,有条件的要进入温室养护。在夏季,一方面要防止太阳曝晒,以免失水干裂;另一方面要防止大雨冲刷,以防山石的风化。在搬动山水盆景时,要小心轻放,要抓住主要部分,以防断裂,特别要注意防止损坏山脚。

硬石类山水盆景由于硬石不吸水,因此平时要勤浇水;软石类山水盆景由于其保水、吸水性能好,又会自行吸收水分,一般见表土或青苔不润时浇水。山顶硬石上部易干,要注意多浇,经常在山石上喷雾,让石身长出青苔,而使山石富有生机,更显雨后青山分外妖娆的美姿。

3）苔藓植物的繁殖养护

在山水盆景中,青苔的养护是一件十分重要的工作。青苔不仅可以掩盖山石斧凿的人工痕迹,更可以增加山石的真实感,使其青山绿水,柔韧可爱,生机勃勃,富有山林气息。同时,铺种苔藓还可以减少水分的蒸发,保持湿度,防止盆景中土壤的硬化板结。盆景中苔藓植物的繁殖养护,是利用苔藓的生理、生态特性进行孢子繁殖或营养繁殖。

就其具体方法而言,可以分为以下两大类。

（1）利用空气中的苔藓孢子在山石上自然滋生 在山石上施放营养物质并保持湿润,创造一个良好的生态环境,使空气中苔藓植物的孢子落在树木或山石上,从而自然滋生出苔藓来。用淘米水、豆饼水、绿肥水等富含有机养分的肥水浸泡山石,根据山石的吸水性能或软硬情况,浸泡几天到几十天,使肥水浸入石体,捞出后放在潮湿半阴的环境中养护,并保持连续的潮湿条件。在温暖的气候中约两周便可滋生出大量青苔。也可用河水或雨水浸透山石后,用含有高成分淀粉的物质如干山芋粉、麦芽粉等,以粉状或黏糊状均匀撒涂在石上;或用击碎蜗牛的黏液涂于石上,并用湿草包或蒲包将山石包扎、喷水置于阴湿处,两周左右即可生出苔藓来。因苔藓植物生长需要一个温暖湿润的环境,因此采用这些方法多在梅雨季节或暑夏节气时进行。其生长所需的孢子主要来源于空气,故山水盆景的养护一般要置于通风良好之处,不宜密闭放置。

（2）直接为山石接种苔藓孢子或配子体 直接为山石接种苔藓孢子或配子体并保持湿润,通过苔藓的增殖而达到滋养的目的。可以从阴湿的沟边、池边、砖墙脚、林下等处铲来苔藓,洗净泥土,并除去杂质,加水捣碎成汁糊状,用毛笔涂在山石上,保持半阴湿润的环境,苔藓不久便会滋生蔓延开来。若在苔藓汁糊中加些马铃薯汁液等营养物质,苔藓会生长得更快更好。或将铲来的苔藓去杂洗净晾干,碾成细碎的粉末,撒于潮湿的山石或盆土上,再撒一层极薄的细干土,然后把整个盆景慢慢浸入水中,完全浸湿后,轻轻捞起,放在阴湿处培养。若山石或盆景过大,可用细喷壶,轻轻喷湿亦可,不久便会生出茂盛的苔藓。此方法也可以在盆景园内阴湿的地面上,进行专门的苔藓繁殖生产,以备制作盆景时随时取用。

也可以将铲来的成片的苔藓,密实地镶嵌、铺种在盆上。不露盆土,也不留嵌台缝,再用手指把苔藓压实,使之与盆土紧密地贴合,然后用细喷壶浇水淋湿,反复2～3次,保证苔藓和盆土湿透,并长期保持湿润,苔藓即可正常生长。在山石盆景中,贴合的苔藓如果容易脱落,可以用铁丝或细网固定,喷水养护。吸水性差的山石则要更细心养护,特别要保证湿润的环境,以此种方法种植苔藓的盆景,马上就可用于观赏。

若按以上各种方法滋生或繁殖的苔藓生长不茂盛,则可在青苔上撒一些腐叶粉或研细的营养粉,然后洒水保湿,略见散射光,一段时间之后就能繁盛起来。苔藓植物喜温暖湿润的环境,在其养护中要注意保持湿润。特别是在配有树木的山水盆景中,树木要求见干见湿,与苔藓的生长环境有一定的差别,要实行表面控水,即只表面喷洒而不浇水。从而保证植物种植穴土表面小环境的湿润。苔藓适宜生长在酸性或微酸性土壤中,若盆土碱化,苔藓会变黄,生长不良,可用硫酸亚铁溶液浇灌几次,便可使之转为深绿。

在山水盆景中,苔藓的长势要进行控制。苔藓生长过满过密,会掩盖石材本身的质感、皴纹,丧失石质的美感,降低观赏价值。养护过程中应及时修剪或控制水肥,必要时应予以清除,使其重新生长。但绝不能违反自然规律,破坏景观,否则,会适得其反。

4)山水盆景中植物的养护

山水盆景中植物的养护分为施肥、修剪、遮阴、防寒等几个方面。

(1)施肥　山水盆景上的草木,根系植于有限的土壤中,又不便于换土,为提供树木生长所需营养,使其花艳果硕,叶片青翠,就要适当施肥。最好用豆饼、麻酱渣、豆类(需先将豆炒熟)泡水制成液肥,如嫌液肥有臭味,可加适量除臭剂。如果树木原产南方,在泡制液肥时,同时放入适量硫酸亚铁,就成"矾肥水"(直接用硫酸亚铁效果不好)。用矾肥水给原产南方花木施肥,可使树木叶片青翠,花艳果硕。

因为山水盆景中土壤少,所以施肥要用稀薄腐熟的液肥。如直接用未发酵的生肥,生肥在盆内发酵产生热量,对树木根系不好,再者在盆内施生肥,有时会生蛆和苍蝇,很不卫生。给山水盆景中树木施肥,每次施肥量不要太多,一次施肥过量,轻者对树木生长不利,重者可导致树木死亡。具体施肥次数、施肥量、施肥时间,要根据树木品种、大小、季节灵活掌握。

(2)修剪　一般来说,山水盆景中的树木,不是盆景的主体,而是起衬托作用的,所以山水盆景中的树木不应让其生长过大,过大就破坏了景物造型。如生长过于茂盛、枝长叶大,反而对景物造型不利,这时就要修剪,减少施肥量。如山峰上栽种杂木类,生长较快,每30 d左右就要修剪1次,才能保持景物造型。如果栽种的是生长缓慢的松柏类,3~4个月修剪1次就可以了。如果山石上栽种的是榆树类,展览前20 d左右,把树叶全部摘除,加强肥水管理,10 d左右即可长出新叶,展览时鲜嫩的绿叶,给人以欣欣向荣之感,使景物更添姿色。

(3)遮阴　山水盆景中土壤有限,树木的根系比较浅,经受不住强阳光的照射。尤其是夏季和初秋,应把山水盆景置于遮阴棚内,或其他大的花木之下,只见散射光的地方。为了保持局部小气候有一定湿度,放置遮阴棚内的山水盆景,应每天向地面洒清水2~3次。家庭养护的山水盆景,夏季和早秋可把山水盆景置于向北的阳台上(阳台伸出墙外为好)。在其期间,向北的阳台每天早晚都有2 h左右阳光照射。

(4)防寒　山水盆景上栽种的树木根浅,比同种地栽树木的抗寒能力有所降低,秋末或冬初必须采取防寒措施。在我国北方冬季比较寒冷地区,山水盆景上即使不栽种树木(尤其是松质石料制成的盆景),当气温降至−15 ℃左右时,山石收缩系数与胶合用的水泥收缩系数不尽相同,就容易出现裂纹。我国南方的广大地区,冬季气温最低都在0 ℃左右,所以一般的山水盆景置于室外都可越冬。因各地气候条件不同,就是在同一地区,山上与山下、向阳面与背阳面也有差异,所以要灵活掌握,不能千篇一律。

山水盆景的养护管理除上面讲的几点外,还要注意防台风、防暴风雨。总之,山水盆景养护时要特别注意以下几点:

①要多注意盆面的整洁、干净。

②要注意遮阴、防寒,以免山石风化。

③要经常往山石上喷水。俗话说"石靠水养",可增加其观赏效果,也可促使石身长出青苔,而使山石富有生机。

任务实施

本次任务单个学生即可完成,所以可以不分组,但学生间可以讨论。具体完成任务可以按以下3步进行:

(1)领受任务　教师分配任务,先让学生明白需要完成任务的内容,让其知道山水盆景的浇水、山石清洁、苔藓植物繁殖与养护等知识点,并对关键技术要点进行示范。指导学生通过相关知识的学习可以完成以上任务。

(2)知识学习　学生明白任务后,学习知识点,了解山水盆景的浇水、山石清洁、苔藓植物繁殖与养护等养护管理环节,并自我训练浇水、山石清洁、苔藓植物繁殖与养护等技术。

(3)完成任务　学生通过知识点学习,回答提问及技能训练。教师进行点评并记录各位同学的表现及完成任务情况,给出综合评价等级或分数。

任务考核

每位同学独立完成任务,形成纸质作业或电子作业,每位同学做好技能训练和知识点汇报准备;指导教师根据学生任务完成的有效性、任务完成的态度、责任感及汇报的情况等进行综合评分(表7.2)。

表7.2　山水盆景的养护管理任务考核表

学习目标	评价标准	评价得分
理论知识 (20分)	山水盆景的浇水、山石清洁、苔藓植物繁殖与养护等养护管理环节	
专业技能 (30分)	能初步进行山水盆景的浇水、山石清洁、苔藓植物繁殖与养护等	
任务完成 (30分)	纸质作业、PPT,任务问答的有效性	
学习态度 (20分)	完成任务的态度、责任感	

续表

学习目标	评价标准	评价得分
综合得分及评价：		

[作品鉴赏]

树木盆景《踏春行》鉴赏

题名：踏春行；树种：山格木；作者：赵士湛。

山格木是岭南盆景中不常见的树种，属不成材的小灌木。干径达3 cm的已是难得的极品。故一般多作为小型、微型盆景的用材。赵士湛先生的作品《踏春行》，干径3 cm，高50 cm，主干曲折有致，收尖自然；副干追随主干生长，互为弧型，可谓团结、统一；最小的子干从中横出，极得画论中"三笔破凤眼"的神髓。从选桩、育桩、上盆、成型、拍照，历时3年。作者追求的是一种自然野趣，天人合一、物我两忘的最高境界。

作品没有采用岭南盆景中常见的截干蓄枝技法，而是因势利导，任新生枝自然生长，又有意识地置于半阴环境，让各枝条自然下垂。繁密的幼枝垂柳般迎风招展，娇媚柔顺，对主题的深化、扩展，起到了极好的烘托作用。饰物的点染、配盆的统一，在该作品中极为突出。作者选用反边灰青色切角浅紫砂盆，盆面开展，

图7.11　赵士湛作品《踏春行》

境界开阔；重点位置选配一手拿书卷、远瞩遐思的古人，简单、明确；阳光明媚，春光灿烂，踏春行的主题、意境得到了较好的体现。意境取胜是盆景创作的最高境界。该作品成型时间不长，值得每一个从事盆景创作的人认真思考学习（图7.11）。

[技能实训]

对当地的盆景作品进行调查，通过观察盆景的表现现状，分析盆景的浇水、施肥、防冻、修剪等方面的养护状况，并查找盆景如此表现的主要原因。

[思考讨论]

（1）讨论盆景树木的养护与园林绿地树木的养护有何异同。

（2）讨论如何更好地对盆景树木进行浇水、施肥。

（3）谈谈盆景树木如何进行越夏防冻。

项目 8 盆景的艺术鉴赏

[学习目标]

知识目标:

(1)熟悉盆景命名的方法;

(2)了解盆景在不同环境中的陈设;

(3)掌握盆景鉴赏的方法与内容。

能力目标:

(1)能对盆景作品进行命名;

(2)能对盆景进行陈设;

(3)能初步对盆景进行艺术鉴赏。

[项目分析]

盆景是雅俗共赏的艺术品,源于中国,广布世界。鉴赏盆景实际就是对盆景的审美。如何设置及鉴赏这些艺术品,还需要掌握一定的鉴赏技巧。一件盆景作品完成后,还需要考虑如何对其陈设,提高品位,增进鉴赏。本项目在了解盆景陈设与鉴赏知识的基础之上,掌握盆景的陈设与鉴赏。本项目的重点与难点是盆景的命名、盆景与环境的协调、盆景的鉴赏标准的把握。

任务 1 盆景的命名

 任务提出

依据图 8.1 所展示的雀梅树木盆景和图 8.2 所展示的砂积石山水盆景,通过相关知识的学习,完成以下任务:

(1)请根据自己的理解对图中树木盆景和山水盆景进行命名。

(2)谈谈盆景命名的方法与技巧。

图8.1　雀梅树木盆景

图8.2　砂积石山水盆景

任务分析

俗话说：外行看热闹，内行看门道。盆景作为一种艺术品，如何鉴赏，并不是一件简单的事。它需要鉴赏者具有一定的思想水平、文化艺术修养和生活阅历。当然艺术修养的高低是相对而言的，要提高艺术修养，需要不断积累审美的经验，还要通过实践的练习。

相关知识

盆景的命名也正像国画题款一样，好的盆景命名不但能概括主题，诠释作品内涵，还能引起读者的遐思，给人以丰富的想象，使观赏者进入一个较高的艺术境界，在品味中获得美感，产生共鸣，可以提升盆景的品位和档次，有画龙点睛之效果。反之，则给人以"画蛇添足"之感。因此说盆景命名实际上是对作品的再创作过程。

1) 盆景命名的意义

给盆景命名,古已有之。据《太平清话》一书记载,宋代诗人范成大曾给他喜爱的山石题写"天柱峰""小峨嵋""烟江叠嶂"等名称。这说明远在宋代就有人给盆景命名了。盆景艺术发展到今天,命名已成为盆景艺术创作不可缺少的一部分。一件优秀的盆景作品,如果只有优美的造型,没有饶有趣味而又和谐贴切的命名,那么它的美则是不完整的,自然会降低作品的鉴赏价值。但是,如果命名不当,也会产生相反的效果。因此,给盆景命名一定要慎重,需要经过反复推敲,方能确定。

盆景的命名,必须具有诗情画意,引人遐想,以扩大对盆景意境的想象。好的命名恰如画龙点睛,它能吸引观众,将其带入景物的意境之中,达到景中寓诗、诗中有景、景诗交融的境界,从而提高盆景的思想性和艺术性。

2) 盆景命名的方法

微课

(1)以内容命名法　给盆景命名,可以用直接点明盆景内容的方法。如在一个盆钵内植竹砌石,可给这件盆景命名《竹石图》,给表现沙漠风光的盆景命名为《沙漠驼铃》或《沙漠绿洲》,再如给一盆老松树盆景命名为《古松》。这种命名比较容易,也好学,使观赏者一目了然。但不够含蓄,也难以引起人们的遐想,对扩展盆景的意境作用不大,当然也不失为命名的一种方法。

(2)以配件来命名法　这种命名以盆景中的配件来命名。如在一长椭圆形盆钵中,有疏有密、有高有低地栽种数株竹子,在竹林中点缀几只可爱的大熊猫釉陶配件,就将其命名为《竹林深处是我家》。以配件命名的盆景如江苏扬州的《八骏图》,它是用数株六月雪和不同姿态的八匹陶质马配件制成的水旱盆景,创作者给这件盆景命名为《八骏图》,作品 1985 年在全国盆景展评会一出现就得到广大观众和专家们一致好评,被评为一等奖,驰名中外。以配件给盆景命名,也比较简单易学,只要运用得当,景名贴切,就能收到很好的效果。

(3)拟人化命名法　采用拟人化的方法来给盆景命名,有时能得到意想不到的效果。如给有高低两座山峰组成的山水盆景命名为《母女峰》,会使人浮想联翩。再如给一件双干式树木盆景命名为《手足情》或《兄弟本是一母生》,有的观赏者看到这件盆景和命名时,就会浮想联翩,回忆起一幕幕往事,特别是在人生道路上受过挫折的人们,更容易产生思想共鸣;有的人还可能想起在异地生活的亲人,盼望早日得以团聚。用拟人化的方法给盆景命名,人情味很浓,只要运用得当,就会常受到观赏者的青睐。

(4)以外形命名法　有的盆景是根据景物的外部形态来命名的。如给一株树干离开盆土不高即向一侧倾斜,然后树木大部枝干下垂,树枝远端下垂超过盆底部的松树悬崖式盆景命名为《苍龙探海》;给附石式盆景命名为《树石情》;给独峰式山水盆景命名为《孤峰独秀》或《独秀峰》;给主峰高耸的高远式山水盆景命名为《刺破青天》等。这种命名的盆景,当一听到盆景的命名,虽然还未见到景物,就能想象出它大概的形态了。

(5)以树龄命名法　以树木的年龄长短给盆景命名,也是树木盆景命名的方法之一。如给一株树龄不长、生长健壮茂盛、充满生机的盆景命名为《风华正茂》;给一株树龄较长、树干部分木质部出现腐蚀斑驳,但枝叶仍然繁茂的树木盆景命名为《枯荣与共》。用这种方法命名的盆景,当听到盆景的命名时,虽然没有见到盆景,就知道树木的大概树龄了。

(6)以树名命名法　把树木名称巧妙地融入命名中,别有一番情趣。如给正在开花的九里香盆景命名为《香飘九里》,给花朵怒放的迎春盆景命名为《笑迎春归》,给一株树干部分腐朽的老桑树盆景命名为《历尽沧桑》等。

(7)以成语命名法 成语是人们经过千百年锤炼的习惯用语,是简洁精辟的定型词组成短句。用成语来给盆景命名,言简意赅,说起来顺口押韵,是人们喜闻乐见的用语,只要运用得当,命名能充分表达该件作品的主题思想,便能得到观众好评。如有的在野外生长的老树,经长期风吹、日晒、雨淋、人工砍伐以及病虫害等因素的影响,树木主干木质部大部分腐烂剥脱,成中空状,但部分树皮仍然活着,在树干上部又长出青枝绿叶,生机欲尽神不死,给这样的树木盆景命名为《虚怀若谷》或《枯木逢春》都可以。

(8)以名胜命名法 如用《漓江晓趣》《妙峰钟声》《黄山松韵》《九寨风光》《长城万里》等名胜古迹给盆景命名,已游览过该名胜的人会回忆起那美好的景致,未游览过该名胜的人,看到该景和命名,也会有美妙的遐想。

(9)以时间命名法 就是用不同的季节给盆景命名。如春季给初春开花的迎春盆景命名为《京城春来早》,或给吹风式桎柳盆景命名为《春风得意》;夏季给山青、树叶苍翠的盆景命名为《夏门雨霁》,或给开满白色小花的六月雪盆景命名为《六月忘暑》;秋季给红果满树的山楂盆景命名为《秋实》,或给硕果累累的石榴盆景命名为《春华秋实》;冬季给表现北国雪景的山水盆景命名为《寒江雪》或《寒江独钓》。另外给表现早晨景致的丛林式树木盆景命名为《密林晨曦》,给表现夜间景致的水旱盆景命名为《枫桥夜泊》等,效果都比较好。

(10)以名句命名法 以名句来给盆景命名,多是用古代文人的诗词名句给盆景命名。如给一件用雪花斧劈石制作、用来表现瀑布景致的山水盆景命名为《飞流直下三千尺》。当人们看到这个题名时,就会想起唐代大诗人李白《望庐山瀑布》诗句"飞流直下三千尺,疑是银河落九天"的千古绝唱,联想到水从高峭挺拔的雄伟大山飞流直下、瀑布奔腾倾泻的壮观景象。如给鸭子造型的水仙花盆景命名为《春江水暖》,具有一定文学修养的人,看到此景和命名,就会想起宋代著名大诗人苏东坡的"竹外桃花三两枝,春江水暖鸭先知"著名诗句,从而把人们带入诗情画意之中。

(11)暂时命名法 一件盆景无明显特色,没经过推敲,可暂时给盆景题一个景名,但该景名绝不能和景物所表现的内容相悖。这种命名虽无明显特定性,对表现盆景的意境作用不大,但比没有命名还是要好一些,如《湖光山色》《江山多娇》《锦绣山河》等,便于给观赏者留下较深印象。

3) 盆景命名的注意事项

(1)字数宜少 无论采用哪种方法给盆景命名,字数都不宜多,在充分表达主题内涵的情况下,字数越少越好。字数较多要注意音韵,读起来抑扬顿挫,有节奏感,既顺口又好记。

(2)含蓄贴切 命名要注意含蓄、贴切,"语直无味,意浅无趣",命名含蓄才能给观赏者留有想象的余地。尤其是用古代诗人的名句给盆景命名,更要注意与盆景的主题思想紧密结合,与表现的意境相符,才称得上是好的命名。在给盆景命名时,还要注意古为今用,洋为中用,要为改革开放、经济建设和精神文明建设服务。

(3)格调高雅 给盆景命名不但要含蓄、贴切,而且要格调高雅,清新脱俗。例如:有人曾制作了一件树木盆景,不久一根树干枯死,大煞风韵,他便从这棵树原有枝干上引来一根树枝附在枯干上,几年之后树枝长大,树干长势良好,盆景又恢复了原来幽雅秀丽的身姿。他对这一招津津乐道,就给该盆景命名为《借尸还魂》。后来一长者见此名不雅,便给盆景更名为《力挽春归》。同是一件作品先后两个命名,前者显得低俗,让人听起来很不舒服,没有美感;后者则格调高雅,比较含蓄,能给人以美好的想象。以上说明给盆景命名,格调必须高雅优美,切忌粗俗,更不能有封建迷信色彩。

4)盆景命名举例

在盆景的命名中,1个字的少见,4个字的最为常见。现将一些盆景的命名按字数多少为序介绍如下。

(1)盆景1个字命名　根、春、秋、冬、榉、榕、槭等。

(2)盆景2个字命名　石林、崖韵、出峡、横云、眺望、垂钓、独秀、野渡、盼望、嶙峋、鹤舞、扬帆、叠翠、远望、听涛、巧云、迎宾等。

(3)盆景3个字命名　渔家乐、古域行、寒江雪、盼郎归、漓江行、八骏图、惊回首、大漠行、漓江行、蜀道难、寒江雪、饮马图、烟波图、春江图、故乡行、碧波情、寒山图、竹石图、独秀峰、一线天等。

(4)盆景4个字命名　枯木逢春、西风古道、巍巍妙峰、秋江归舟、长城万里、巴蜀山庄、巴山蜀水、幽峡晚渡、一峰擎天、孤帆怪石、水静山幽、鬼斧神工、秀岭轻舟、飞瀑无声、飞瀑千仞、燕山深处、锦绣山河、夕照漓江、碧水青峰、断崖千丈、大江东去、寿比南山、春染燕京、波光岛影、江山多娇、曲水溪桥、山明水秀、妙峰金秋、乘风破浪、奇峰摩空、水阁渔家、沙漠驼铃、沙漠绿洲、丝绸之路、溪水清清、野水人家、枫桥夜泊、幽峡翠柏、春水行舟、嵯峨仙境、冰雪春融、寒江独钓、平岗塔影、高山流水、刺破青天、壁立千仞、江山雨霁、江山如画、群峰竞秀、珠联璧合、太湖渔歌、曲径通幽、走遍千山、两岸猿声、太湖帆影等。

(5)盆景5个字命名　蝉鸣林更幽、江上石头城、瑞雪兆丰年、一览众山小、三峰意出群、海上生明月、长啸震南天、雨后群川碧、春色满山溪、山水共朝东、清泉石上流等。

(6)盆景6个字命名　阅尽人间春色、有仙不在山高、舒卷江山图画、小桥流水人家、更立西江石壁等。

(7)盆景7个字命名　危崖古刹钟声远、奇峰倒影绿波中、山高松古两峥嵘、飞流直下三千尺、祖国江山铁铸成、流水不尽春又至、墨染群峰插云天、无限风光在险峰、黄河之水天上来、万里江山聚盆中、拔地指山称独秀、万水千山总是情、千里江陵一日还、峰高洞奇小舟行、危崖古刹钟声远、一峰清瘦出云来、孤帆远影碧空尽、一江春水向东流等。

任务实施

本次任务量小,学生可独立完成,同学间可相互讨论。具体完成任务可以按以下3步进行:

(1)领受任务　教师分配任务,先让学生明白需要完成任务的内容,让其知道盆景命名的基本方法。指导学生通过相关知识的学习可以完成以上任务。

(2)知识学习　学生明白任务后,学习知识点,掌握盆景命名的具体方法及注意事项。

(3)完成任务　学生通过知识点学习,对具体盆景进行命名训练。教师进行点评并记录各位同学的表现及完成任务的情况。

任务考核

每位同学独立完成任务,形成纸质作业或电子作业,每位同学准备对盆景作品的命名进行汇报;指导教师根据学生任务完成的有效性、任务完成的态度、责任感及汇报的情况等进行综合评分(表8.1)。

表8.1　盆景的命名任务考核表

学习目标	评价标准	评价得分
理论知识 (20分)	盆景命名的方法及注意事项	
专业技能 (30分)	能初步对盆景作品进行命名	
任务完成 (30分)	纸质作业、PPT,任务问答的有效性	
学习态度 (20分)	完成任务的态度、责任感	
综合得分及评价:		

任务2　盆景的陈设与鉴赏

任务提出

图8.3展示的是细叶鸡爪槭树木盆景《霜叶红于二月花》和图8.4展示的是芦管石山水盆景《群峰竞秀》,请根据图中情境,通过相关知识的学习,完成以下任务:

(1)请根据自己的理解对以上树木盆景和山水盆景进行鉴赏。

(2)谈谈如何对盆景进行陈设。

(3)谈谈如何对山水盆景和树木盆景进行鉴赏。

图8.3 霜叶红于二月花

图8.4 群峰竞秀

相关知识

　　盆景的创作有一个很重要的目的,那就是供人鉴赏。任何艺术品的鉴赏都要了解一定的鉴赏常识,这样才能更好地鉴赏盆景,从中获得美的享受。这里主要针对树木盆景和山水盆景的鉴赏进行介绍,而树石盆景可结合树木盆景和山水盆景的特点进行鉴赏。

1. 盆景的陈设与环境

1) 盆景的陈设

　　盆景是用于鉴赏的,需要进行合理的陈设布置,才有利于更好地进行鉴赏活动。盆景的陈设应注意以下几方面问题。

（1）适宜的环境　盆景的室内陈设因场所不同而有不同的陈设方式，要掌握"雅""势"二字。如书房、卧室的环境要求宁静清雅，应选用一些小型的或微型的盆景，品种以小叶的植物，如雀梅、九里香、榆树等为佳，形态以疏落的画意树为理想的树型。在机关或宾馆的门口两旁，陈设盆景要求增加"气势"，一般要求是较为大型的，还要有底座衬托，品种宜采用九里香、罗汉松、细叶榕或开花的紫薇树等；入口处摆一盆迎客型盆景以示迎宾之意；大堂之中，陈设一盆苍劲雄伟的大树型盆景则显得庄严肃穆；两旁则宜置斜干式盆景，墙角可放悬崖式盆景，走廊中宜放山水盆景。

（2）足够的空间　无论是室内还是室外，盆景陈设要有一定的空间。如在室内陈设时，盆景四周就要相对开阔一点，特别是家庭陈设，不要把其他物品与盆景混摆在一起。也不是空间越大越好，太大的空间，人的注意力不易集中。所以在过于空阔的空间陈设盆景，应对空间进行分隔。

（3）良好的光线　光线较暗处陈设盆景，不利于观赏者看清盆景，观赏效果大大降低。在家中陈设盆景时，一般要靠近窗边等光线充足的地方。如果是在展览厅中展出，弱光处要进行补光。补光用荧光灯或水银灯较好。在室外陈设时，大多数盆景都适于室外半阴环境，因此要防烈日暴晒，可进行遮阳处理。

（4）简洁的背景　单纯的背景才更衬托出盆景的美。背景只能是作为挡住观赏者视线的屏障，使观赏者的注意力集中在盆景上。室外的背景不宜太复杂，不宜把盆景的背景处理成花篱、画壁等能吸引人们注意的屏障。在室内，不要在盆景的后面挂上色彩艳丽的画。背景一定要单纯，可以是一粉白壁、一块单色的板、整齐一律的绿篱、平静的水面和空旷的草坪。背景与盆景之间色调要形成对比色才能使盆景凸现在背景前。山石盆景一般贴近背景，树木盆景可与背景隔远一点。盆景与盆景间要相互搭配，相互呼应。

（5）适当的视角　无论在什么环境中进行陈设，都应注意盆景的视觉效果，即盆景陈设的高度与角度。在一般情况下，人们的视线是近于平视的，仰视和俯视上下不偏于15°，这样观赏者在观赏的过程中才能舒适地透视景物，不致产生疲劳。盆景中，一般以悬根露爪为主要观赏部位的树木盆景和平远式、深远式山石盆景，它们的盆面高度应低于水平视线 40 ~ 50 cm。大多数盆景适于此高度。一些枝叶繁盛，树冠内层次不明显或以观叶为主的树木盆景还可放低一些。一些高远式山石盆景和悬崖式、直立式、迎风式、临水式、垂枝式等树木盆景则适宜放在高于水平视线以上的位置；规则型和树冠层次分明的树木盆景放在与视线相平的位置。

2）各种环境的盆景陈设

（1）室内盆景

①陈设的要求：树桩盆景摆饰在室内（图8.5），必须放在树高 1/2 处与眼睛平行的高度。在书桌、酒柜、茶几上，盆景则放置在坐着时，观赏点约等于眼睛高度的地方，室内鉴赏最值得注意的是不能放太久，以放置一二天为限，并且多喷叶水。冷、暖气房最好不要超过 1 d，以免叶面水分蒸发太快而脱水，特别是发新芽的树及炎夏时更要注意，以免伤害到盆树。在家中墙壁颜色较浅，空白较大的地方，如玄关、客厅、壁炉及矮桌上，摆设赏心悦目的盆景，并用灯光照射之。其摆饰观赏上，有很多要注意的地方。

②台桌的摆设：盆景摆设要依盆景的类别来选择摆设桌面的造型、质地、大小和色泽。比如花果、杂木和幼嫩细干的盆景及草类，除了用紫檀、花梨木等台桌外，还可摆饰在竹架或天然树

图8.5　室内盆景陈设

根等制成的桌子上；而松柏及强劲的树种，则用紫檀、花梨木等坚硬粗犷的桌子。至于台桌的形状，可依盆树的形态而决定。

③位置的摆饰：大、中型的盆景摆在空间较大的地方，其流向及出枝若在左边，应放置于台桌的右边；左边的略前方处则放装饰的草类，这样才有调和感。在喜庆宴会时，可以松柏为主木，以杂木陪衬之，中间装饰草类或竹子、雅石等，放置于台桌或几架上。

④各类盆景的陈设：小品盆景的形式比较自由，其装饰的方法也不一定要有固定的模式。可以将小品盆景放在样式不同、大小适合的饰物上，摆在室内适当的地方，才能显现其可爱、雅趣的味道。附石盆景可以装饰在几架或比较平坦的桌上，配置上一些草本类植物，通常以细、柔和的为好，但体量不可过大，以免喧宾夺主。大悬崖、半悬崖装饰一般都在高几架上，树枝下垂，优雅逸致，别有一番风情。

（2）室外盆景　景观绿地、庭院（图8.6），以木制的台面、水泥板台面或水泥架做成的盆景架上面放置盆景。在盆景架上排列盆景时，要注意前后排的顺序，后面排大一点的盆景，前面则排小一点的盆景。盆景不要排得太整齐，大小、高低之间要有层次，有远近感。

如在翠绿雄伟的松树旁边，可添配上娇艳富有诗情画意的红叶槭、三角枫、裸姿寒树、花果类，或放置雅石、衬草；或者用陶瓷浅水盘，上面放置附石、小品盆景等。也可以在晚间装上灯光，以便在晚间进行鉴赏。

（3）展览会　随着盆景的盛行，各地经常举行展览会（图8.7、图8.8）。许多盆景爱好者都乐于将自己精心创作、培植的盆景作品提供给展览会。在展览会鉴赏时，可鉴赏到名树与名贵盆钵与整个会场的布置气氛；也可鉴赏到黑松、杜松、真柏、五针松等雄伟气魄、历尽风霜、坚忍挺拔的风格；也可以鉴赏到杂木盆景柔嫩、细致、如诗如画的意境，仔细观察，互谈经验，切磋技艺，更有助于盆景技艺的交流和提高。

展览会中，盆景没有空的地方，让人产生不了太多的联想，丝毫没有美的感觉；而且光照、通风不良，枝芽不易生长，还容易发生病虫害。因此，在创作时，要将树上多余的枝与叶尽可能地

图8.6　庭院盆景陈设

图8.7　昆明世园会盆景园展区

使它缩小,摘芽、剪枝,显露出空白,造成空间之美。

2. 盆景鉴赏的基础

1) 盆景作品的审美

　　盆景是一门高雅的艺术。它大不盈尺,可远观近赏,可反复把玩。意境深远的山石盆景,"一峰则太华千寻,一勺则江湖万里",常能使人神游物外,气荡肠回。那苍劲挺秀、傲霜斗雪的树桩盆景,耸峰叠翠,绿木幽深,使人仿佛领略到林间的松涛与山上的明月。人们在鉴赏品评

图 8.8　广州芳村艺萃苑盆景园展区

中,达到美的享受、雅的陶冶和精神境界的升华。

盆景艺术鉴赏,应该是雅俗共赏。只有引发各阶层人的兴趣,才能普及、提高,从而使盆景艺术成为名副其实的"国粹"。鉴赏盆景的美和鉴赏其他艺术一样,总是仁者见仁,智者见智。一般而言,要从自然美、艺术美、意境美三方面来鉴赏和品评。

(1)自然美　盆景通过其形、色、香、姿、韵等自然天趣,给人以郁郁葱葱,勃勃生机,展示出生命力之美。它那艳丽的色彩,使人赏心悦目;浓郁的芳香,沁人肺腑;优美的姿容,引人神往;自然的神韵,发人情思。鉴赏盆景,首先要善于观察、认识、鉴赏这些纯朴的自然美。盆景的自然形态,好比人的躯干肉体,缺它不可。树木盆景有观形、观干、观根、观枝叶、观花果等不同部位。山水盆景有观形、观石质、观石纹、观水等差异。通过对盆景自然形态的审美品赏,使人感受到树桩盆景的玲珑潇洒之姿,豪荡雄劲之感;水石盆景的苍劲雄伟之力,纵横奔放之势,从而让人体味形质之美,色泽之美,动声之美,变化之美,自然清新之美,达到美不胜收的韵律和野趣。

(2)艺术美　盆景艺术美的内容包括:树桩盆景有素材的选择,根、干、枝的处理,树冠外轮廓线的描画,花盆的选择与种植位置的安排,盆面处理,等等。它们之间要求处理得和谐统一。盆景的艺术美要求要有画境美,即画理中的"似与不似",从而达到"情理之中,意料之外"的天趣。它要求以高度的概括能力和精湛的艺术技巧,对纷纭复杂的素材,进行必要的加工提高。采其大要,去其繁荣,让它在咫尺天地之中,构成完整独立的艺术形象,使艺术加工处理后的盆景既源于自然又高于自然,虽由人做,宛若天成,其美如画。盆景的艺术美还要求有诗境美,我国的盆景以其独有的诗情画意著称,诗情画意和中国气派,构成了中国盆景的民族风格。

(3)意境美　盆景的意境美是盆景的自然美、野趣美、造型美、艺术美、内涵美、诗情画意美的高度融合和集中体现,是盆景艺术的至极,"心俗眼必俗,品高艺自高"。

盆景造型强调是"依自然天趣,创自然情趣,又还其自然天趣",使加工处理后的素材的自然神韵更优美地焕发青春,以达到艺术美与自然美的和谐统一。但是,这种造型要以"意"这种"语言"告诉人们所要表达的思想、感情、品格和气质。精致的盆景,既要有美的形体,又有美的灵魂,具有"形"与"意"相结合的美妙意境。盆景的灵魂可以说蕴藏在有形的线、面和无形的气、韵、意境之中。

2）鉴赏者的心境

由于盆景鉴赏的效果是盆景与观者双方交流的结果。因此,鉴赏者本人的素质也很重要。在鉴赏过程中鉴赏者具有主体性作用,其文化素质和审美趣味便在很大程度上影响着鉴赏的效果。中国盆景艺术源远流长,其产生和发展深受中国古代诗词、画论及造园艺术的影响,有着深厚的民族文化根基。对于这样一种富有文化内涵的艺术,鉴赏者本身假如缺乏良好的中国文化素养,鉴赏时缺乏各种文化知识和审美经验,是难以较好地理解和把握盆景的意味的。比如鉴赏不同民族、不同时代、不同流派的盆景艺术,就应当在历史主义的审美原则指导下,调动相关的民族知识和历史知识,把它们和特定的盆景艺术创作联系起来,以达到某种理解,这才有较为深入的审美效果。

在具体鉴赏盆景的时候可分"观"与"品"两个阶段。

(1)"观" 观就要"穷形尽相",体察入微,才可在各种感受的互相融合中产生丰富激烈的情感活动,使美感得到升华。

(2)"品" 要求"澄怀味象",这里的"味象",对盆景鉴赏来说,就是指品味盆中景象,是鉴赏者根据自己的生活经验、文化素养、思想情感等,运用联想、想象、移情、思维等心理活动,去扩充、丰富盆中之景,领略、开拓盆景意境的过程;而此处的"澄怀",即澄澈胸怀,摒弃杂念,则是鉴赏盆景前理应做到的心理上的准备。

盆景是一种特殊的园林艺术,鉴赏时也与园林有不同之处。园林再小,鉴赏者总是身临其境地游览的,可盆景再大鉴赏者也只能身在其外,这就更需要鉴赏者"心入其中"了。

鉴赏者只有去除一切尘世的俗念,超脱于一切功利得失考虑,保持一种"虚以待物"的心境——审美的心境,才能在审美主体与盆景之间建立一种审美关系,才能产生美感。要不然,就如《牡丹亭·惊梦》所说的"便赏遍了十二亭台也是枉然,倒不如兴尽回家闲过遣"。

3）鉴赏者的阅历

盆景作为一种艺术品,如何鉴赏不是一件简单的事情。它需要鉴赏者具有一定的思想水平、文化艺术修养和对大自然的生活和阅历,具有一定的盆景鉴赏基础,前面说的"外行看热闹,内行看门道"就是这个道理。"操千曲而后晓声,观千剑而后识器"(刘勰《文心雕龙·知音》)。对于中国盆景艺术,只有多看多赏,"好句频读",反复多次进行鉴赏实践训练,才能对盆景的审美作更全更好的理解,才能不断积累盆景审美经验,提高盆景鉴赏水平。

4）盆景鉴赏的方法

盆景鉴赏是鉴赏者通过观察盆景,用审美的眼光去领略盆景趣味的过程。在实际的鉴赏活动中,可从盆景的具体景象入手,通过鉴赏盆景完美的形式和高超的技巧再深入到盆景的内在艺术境界中进行体会和感受。

(1)鉴赏意境 不论是树木盆景还是山水盆景,它们都是有"景"的实景。不同的盆景具体表现的景是千差万别的,有的是枯木逢春,有的是双木相依,还有的是丛林风光,又有崇山峻岭、悬崖绝壁、江河浩渺、小桥流水。鉴赏者通过盆景的具体景象,可以深入到盆景的内在艺术境界。

(2)鉴赏形式 盆景中作品其成功之处并不单从它的意境上看,如规则型树木盆景和抽象山水盆景。鉴赏盆景时,就要注意把握盆景的具体的形态和内容,直立树干、规则的枝,表现出静势,体现恬静、安闲、庄严的情调;苍老多皴的干、虬曲的枝,表现出动势;花繁叶茂、硕果累累传达着欢乐和喜悦;枝叶萧疏表示孤独和清寂。盆景结构中体现着高超的技巧,山石拼接、雕琢自然无痕,树木修剪、嫁接巧夺天工,令人赞叹,给人以美感。

(3)整体鉴赏 盆景鉴赏的另一方面,是盆景作品构图巧妙、和谐、均衡,使作品具有整体效果。盆景中盆与几架、盆与景,景中各部分比例协调,分布高低错落有致,有着优美的韵律节奏,都体现着整体美。有的宏伟壮观,有的精巧细致,有的优雅柔和,有的粗犷豪放,都给人以美的享受。

3. 树木盆景的鉴赏

微课

1)树木盆景自然美的鉴赏

树木盆景大多以自然界的树木为素材,自然界中的树木,由于受到大风、雷电、冰雹、洪水、病虫害、人类的砍伐以及动物的啃咬等因素的影响,树木的根、干、枝、叶发生变化,本身就具有一定的自然美。

(1)根的自然美 根是树木赖以生存最重要的部位之一。一般树木的根都扎入泥土之中,裸露于土上的很少。树木盆景是高等艺术品,盆树不露根就降低了鉴赏价值,故有"树根不露,如同插木"之说。所以在野外掘取或市场购买树桩时,露根的树桩受到盆景爱好者的喜爱。根露出盆土之上长短差别很大,有的仅露出几厘米高,有的露根长度大于树木主干长度,这样别有一番情趣。

(2)树干的自然美 在树木盆景的造型中,以树干的变化最为丰富多彩,有的树干自然成回蟠折屈,用"屈作回蟠势、蜿蜒蛟龙形"形容再恰当不过了。有的树木自然下垂,好似悬崖倒挂"岩石飞瀑",蕴含着一种刚强、坚毅的风格,别具特色,曾宪烨榆树盆景"青龙出水"就是这样的作品。有的树干被侵蚀腐朽穿孔洞;有的树干木质部大部分已不存在,仅剩一两块老树皮及少量木质部,但又奇迹般地从树皮顶端生出新枝,真是生机欲尽神不枯,充分表现了生与死的抗争,给人以启迪,北京颐和园盆景园的榆树盆景"劫后余生"就是这样的作品。树干的变化,真是千姿百态,不胜枚举。

(3)枝叶的自然美 这里所说枝叶的自然美,更确切地说是枝条叶片组成的枝叶外形美。在荒山瘠地,山道路旁,高山风口处以及崇山峻岭山腰处,一些树木自然形成截干蓄枝,折枝去皮、自然结顶,枝叶一侧长一侧短等优美的姿态。如著名风景旅游地安徽省黄山上的迎客松,其枝叶就是一侧长一侧短,树冠自然呈不等腰三角形,呈现出鲜明的动感。枝叶的自然美,除外形美外,还有色彩变化的自然美。如银杏树,叶片如折扇,古雅别致,春夏叶片翠绿,晚秋变黄,惹人喜爱;黄栌叶片春夏碧绿,深秋全部变红,艳丽可爱,令人心旷神怡。马文其用黄栌制作的盆景"霜叶红于二月花"叶片有多红艳!

2)树木盆景造型美的鉴赏

自然界树木的美往往是分散的,其美常受到自然条件的限制而被减弱。树木经过艺术加工造型之后,将分散在自然界众多棵树木的美搜集、提炼、概括、升华和艺术加工,在一棵树木之上表现出多种美。树木盆景的造型美,必须符合源于自然,又高于自然,尊重自然规律的法则。

很多盆景爱好者模仿自然界中生长在悬崖峭壁之上的树木,经艺术加工把普通的树木培育成有的悬根露爪,有的抱石而生,有的盘根错节,有的把长根编织成一定的艺术形态,真是仪态万千,美不胜收。

　　制作盆景树木素材的树干,大多是平淡无奇的,然而盆景艺术家根据树木的特点,因材施艺,经过蟠扎、去皮、撕裂、剖干、折枝、劈干等艺术加工(两棵树木一般用1～3种技法,不可施技太多,否则将影响该株树木的生长),制成各具特色的盆景,如马文其制作的柽柳盆景"枯荣共存",树干从上到下被凿去一部分,呈"虚怀若谷"之状。显得树木老态龙钟,饱经风霜,引起人们的遐想,给人以美的享受。

　　枝叶的造型成型时间比起根、干造型要快一些,如果造型不得法,不是形态不美,就是不自然呈矫揉造作之态。枝叶的造型美,要根据树木根、干的形态和树木的习性而定。如迎春、柽柳、雀梅、榆树等,枝条细长而柔,易加工制作成悬崖式、垂枝式、风吹式等造型,马文其用迎春制作的"燕京春来早"就是垂枝式盆景。该景悬根露爪,叶绿花黄,枝条自然弯曲下垂,它早在梅花开花之前,就悄悄开出朵朵黄花,迎来了春意,故名"迎春"。

3) 树木盆景意境美的鉴赏

　　一件树木盆景的美,不是简单地把景、盆、架、名的美加在一起的外形美,鉴赏盆景作品不能浅尝辄止,只停留在直观的感觉上,要通过盆景外部的形态美,激发出观赏者的情感、美的理想,从而产生丰富的联想和想象,使情景交融,达到景有尽而意无穷的境地,这就是盆景的意境美。盆景的意境,好似小说、诗词等文学作品的思想性,但又不像文学作品那样明显。盆景的意境是内在的、含蓄的,这就需要观赏者运用自己的学识水平、鉴赏能力进行思考与联想,才能体味其中之美。

　　盆景的意境深浅并不取决于盆景的大小,有的树木盆景虽然不大,但意境并不浅。如江苏省吕坚创作的微型盆景组合架"无声胜有声"中的一件作品,在长9 cm、宽4 cm青田石盆中,栽种一大一小两株虎刺,在树荫下石上端坐两人举杯痛饮,石下好似有潺潺流水。创作者给此盆景题名"酒逢知己千杯少"。当观赏者看到此景和题名时,不禁联想起"酒逢知己千杯少"的动人典故。

4) 树木盆景整体的鉴赏

　　树木盆景的赏析,首先要从作品的整体大效果、大气势出发,看是否与作品的题名相符,由意象引起共鸣产生意境;然后再从作品的根、头、干、枝、冠、叶的意境造型是否服从并有利于主题意境的表现;最后看作品的配盆、装饰、几架、摆设是不是协调统一,凸显作品的主题意境。

　　例如黄家乐用榕树制作的《古榕》(图8.9)树木盆景。其是典型的矮子大树造型。作品强调的是挺拔的英姿势态,去除了榕树桩景中常见的气根,桩躯干净利落,英姿勃发。从已愈合的"马眼"可直接推算出作品的截蓄年功。主干五级收尖,过渡自然,与巨大的头根部树气一脉相承,流畅中又兼有曲折顿挫的变化。左向大飘枝是重点培育的要枝,有长探迎客之态。右第一托点枝,调和重心,起"四两压千斤"的作用。劲健的板根人字形逐级收细,鹰爪般深入大地,具无穷的力度感。嶙峋古朴、健

图8.9　黄家乐作品《古榕》

硕的躯干有"力拔山兮气盖世"之势。"龙山倒影、巨榕挺拔",平常的造型中给人无穷的想象空

间,这就是该作品最为成功的地方。作品配以裂纹釉浅荷花盆,与干身色调统一,盆面开阔,深化主题意境。

(1)整体效果　包括构图、取势、造型、题名、神韵、创意、制作难度7个方面。首先作品的外轮廓要吸引、震撼人心,要生机勃勃,要给人一种惊喜的感觉,构图、取势要与树桩本身的形态相符合,要充分展现桩材的个性、特点;再看题名与作品的整体效果所表现出的神韵、气质是否相一致,内涵、意蕴是否有思想、有主题、有时代气息;然后看作品有没有创意性,制作时间的长短、技术、技艺的难易程度;这属于主观性较强的赏析软件,与赏析者的技艺、修养程度有着密切的关系,也是众多赏析者最容易出现偏差的区域。该部分比重可占总评分的35%左右。

(2)根盘树干　包括头根、爪根、头干、中干、尾干5个方面。对头根、爪根的要求与造型形式相符,要自然美观、强健有力;头干要有坑有稳、有筋、有骨,中干、尾干要与头干衔接自然,要有该造型的势态,要健康壮硕。这是由桩材的先天条件决定,是树桩本身所固有的,属客观性的硬件。该部分比重可占总评分的22%左右。

(3)枝爪花果　包括布托位置、出枝角度、配枝多少;枝线的力度、节奏、韵律、空间变化;枝线的争让、章法布局;顶枝的形、态,全树的叶、芽、花、果的成熟程度5个方面。

枝托的出托位置要符合造型的要求,要符合美学规律;出枝角度、整体枝线的布局要给人亲和感;要争让合理、疏密相宜、布局适法;枝线要强调多种线条并用和自然承接,软、硬角相济,线条曲折多变、节奏强烈、神韵生动、造型自然。即有力度美、节奏美、韵律美、空间美;顶枝与尾干要自然不牵强,要起加强造势的作用;作品要成熟,要突显年功,叶、芽要恰到好处、要协调统一,要为主题和意境的表现服务。这属后天培育的硬功夫,是作者技艺、修养的体现。

花朵是植物最鲜丽的部分,人见人爱,不同的花象征着不同的意义。花色的艳丽、花的幽幽香味,在鉴赏时更令人清爽。喜庆场合若能以观花盆景布置,能增添热闹气氛;会场上如有盆花盆景,同样显得活泼生动。花的大小要与盆树大小相协调,否则即使品种美好的花也失去品格。最好能满开,而且花期要长,花色鲜艳且有变化更好。

果实象征着生命的延续及努力的收获,观果类的盆景在鉴赏时带给人们相当大的满足感。花果盆景在小品盆景的布局,也一直扮演着巧妙的角色。花谢后,果实开始结成,逐渐变大,果实大小能与盆树协调,能保留在树上的时间比较长,结果多、颜色有变化,以供观赏。

该部分比重可占总评分的35%左右。

(4)配置布景　包括配盆装饰、几架组合、布景协调。配盆、装饰、几架组合是盆景造型最后一环,是盆景创作的最基本常识,是客观的实体硬指标。该部分比重可占评分的8%左右。

4.山水盆景的鉴赏

山水盆景是我国传统盆景两大组成部分之一。山水盆景源于自然又高于自然,源于生活又高于生活,是自然美与艺术美巧妙结合的产物。山水盆景以它特有的艺术魅力来美化人们的生活,陶冶人们的情操,给人以美的享受。鉴赏上乘山水盆景,犹如置身大自然的怀抱,使人浮想联翩,神游其间。盆景艺术运用“缩地千里”“主次分明”“刚柔相济”等艺术手法,把大千世界缩于咫尺盆盎之中。丛山数百里,尽在小盆中,天涯海角景,顿移君眼前。足不出户,便能领略到山泉林木之态、崇山峻岭之貌。

山水盆景有它特有的韵味和美感,只有具有一定美学知识、绘画理论、文学修养、审美能力和对自然山水形貌细致的观察体验,才能鉴赏到每件山水盆景美在何处。鉴赏山水盆景的美,主要鉴赏它的自然美、艺术美、整体美和意境美。其中意境美是盆景的灵魂,生命力所在。

1）山水盆景自然美的鉴赏

制作山水盆景的主要材料山石及草木，都是取自于自然界，所以山水盆景的自然美，是不同于一般工艺品的一大特色。优秀的山水盆景是自然美的直接艺术再现。离开自然美，山水盆景就不可能产生和发展，更谈不上鉴赏了。

山水盆景的自然美，主要体现在制作盆景的主要材料山石的形态、纹理、色泽、质地以及拼接是否自然合理，山石上生长的草木青苔是否符合自然规律。

如在大部分山石呈黑色或深灰中夹有宽窄不一的白色山石的雪花斧劈石，常把这种雪花斧劈石竖用制成表示高山流水或瀑飞的景致，人们观赏起来就感到很自然。如果把这种山石横用，人们会感到不伦不类了。

制作山水盆景的石料都有其不同的自然特性。"因材立意"或"因意选材"就是要利用不同山石的自然美达到突出主题思想。如要制作一件纪念红军万里长征中爬雪山情景的山水盆景或制作表示冰天雪地的山水盆景，最好选用色白如玉的宣城石，只要能慧眼选石、制作技术熟练、人物配件挑选得好，这件盆景就具有较高的观赏价值。

2）山水盆景艺术美的鉴赏

制作山水盆景的材料，虽然都是取于自然界中的山石、草木，但它不是自然山水树木的模仿和照搬。因为自然美多是分散的，不典型的，它不能满足人们的鉴赏需要。人们在鉴赏自然景致时，有时感到它缺少点什么，有时感到它多了点什么。这一多一少就是自然的美中不足。

山水盆景运用"缩龙成寸""缩地千里""繁中求简""对比烘托"等艺术方法，将自然界中的山石树木进行高度的概括和升华，使之取材于自然又高于自然。一块自然形态较好的山石，也很难完全具备制作山水盆景需要的形态、纹理。所以盆景艺者们在制作过程中，除"慧眼选石"之外，还要对山石不理想之处进行锯截、雕琢、拼接、胶合等加工，使之体现瘦、漏、透、皱，或雄奇或秀丽的各种形态，以表现峰峦雄、奇、险、秀的特征。

在山水盆景的创作过程中，既要充分显示山石的自然美，又要根据立意对山石进行适当的加工，使其在不失自然美的前提下，创造出比自然美更集中、更典型、更有普遍意义的美。这种美就是艺术美。如果自然界为第一现实景观，那么经过艺术加工，集自然美和艺术美于一体的盆景就是第二现实景观。它比第一现实景观更理想、更完美、更富有生活情趣和鉴赏价值。

3）山水盆景意境美的鉴赏

鉴赏山水盆景的美，除了鉴赏山水盆景的自然美、艺术美、整体美之外，更主要的是鉴赏山水盆景的意境美。鉴赏者应凭借景物的外形去想象，按着作品题名的引导和启迪去联想来获得更高层次的意境美。

4）山水盆景整体的鉴赏

山水盆景的整体美，它包括"一景、二盆、三架、四名"四者浑然一体的整体美。山水盆景以景物为主，但景物只有配以大小、款式、色泽得体的盆钵与几架以及一个具有画意诗情的题名之后，才能称得上是一件完美的上乘艺术品。

例如冯连生用龟纹石制作的《故乡行》（图8.10）山水盆景。其主峰是一块十分完整、极为难得的灰色龟纹石。色彩古朴自然，纹理清晰可见，采自湖北古代战场赤壁江边。作品构图以古战场赤壁实地自然景色为背景，主峰置于盆右侧坐立江边，悬岩峭壁突出江面，险峻雄伟、气势磅礴。主峰后部栽种几棵小树木，一派生机勃勃。左侧客峰重重叠叠，有高低大小之分，有露有藏,水面辽阔宽广。整个盆景的布局主次分明、虚实呼应、远近有序。主、客峰之间有一条弯曲的水道,水道上点缀两艘客轮由远而近,好似海外赤子回归故里观光名胜赤壁美丽动人的风光。

图8.10 冯连生作品《故乡行》

(1)景物 景物包括峰峦以及峰峦上的草木、配件等是否协调自然。如果景物水平很低,盆钵、几架、题名再好,也称不上是一件上乘佳作。关于景物的美前面讲了很多,不再赘述。

(2)盆钵 盆钵不但是盛水放置山石的容器,本身也是具有观赏价值的艺术品。一个景物配什么质地、款式、色泽、厚薄的盆钵是很讲究的。一个景物分别置于大小、款式、色泽不同的盆钵观赏效果差别很大。这里是指景物、盆钵要协调。

(3)几架 几架是山水盆景艺术的组成部分,上乘几架本身也是具有观赏价值的。评价一件山水盆景的优劣和几架的样式、高低、色泽、做工是否精湛是分不开的。几架除本身美观外,更重要的是和景物、盆钵是否协调。一个几架再好,如果和盆钵、景物不协调,也是不能用的。

(4)题名 优秀的山水盆景,不但景物、盆钵、几架三者协调,还要有一个贴切、具有画意诗情的题名。一个题名很好,但和景物所表现主题思想不符,也是不能用的,不能削足适履。

任务实施

本次任务量小,学生可独立完成,同学间可相互讨论。具体完成任务可以按以下3步进行:

(1)领受任务 教师分配任务,先让学生明白需要完成任务的内容,让其知道盆景的陈设与环境、盆景鉴赏基础及盆景鉴赏的方法;树木盆景和山水盆景的鉴赏。教师对具体作品进行鉴赏示范,指导学生通过相关知识的学习可以完成以上任务。

(2)知识学习 学生明白任务后,学习知识点,掌握树木盆景和山水盆景的基本鉴赏内容。

(3)完成任务 学生通过知识点学习,对具体盆景进行鉴赏训练。教师进行点评并记录各位同学的表现及完成任务的情况。

任务考核

每位同学独立完成任务,形成纸质作业或电子作业,每位同学准备对盆景作品的陈设与鉴赏进行汇报;指导教师根据学生任务完成的有效性、任务完成的态度、责任感及汇报的情况等进行综合评分(表8.2)。

表8.2　盆景的陈设与鉴赏任务考核表

学习目标	评价标准	评价得分
理论知识 (20分)	盆景的陈设与环境; 盆景作品的审美、鉴赏者的心境、鉴赏者的阅历、盆景鉴赏的方法; 树木盆景和山水盆景的鉴赏	
专业技能 (30分)	能初步根据环境的不同对盆景进行陈设; 能初步从整体效果、根盘树干、枝爪花果、配置布景等方面对树木盆景进行鉴赏; 能从"一景、二盆、三架、四名"四方面对山水盆景进行鉴赏	
任务完成 (30分)	纸质作业、PPT,任务问答的有效性	
学习态度 (20分)	完成任务的态度、责任感	
综合得分及评价:		

[作品鉴赏]

盆景作品《蟾宫桂影》鉴赏

作者:蔡英杰;树种:九里香。

九里香是岭南盆景中的传统树种,享有香飘九里之说。桂花有金桂、银桂、四季桂之分。选用九里香树种为丹桂传神,十分贴切得当。该桩扭筋转骨,凸凹嶙峋,古朴苍劲;特别是原有的已愈合的"马眼"与黄白色的干身黑白对比分明,凸显桩相的老劲、年岁的深远长久。右向拖根成板根状,上部白骨化、底部健旺。闭目聆听,恍惚尚有吴刚砍伐的咚咚之声。

《蟾宫桂影》属常见的单干大树造型。作者在确定创作主题后,因材立意按意造型,继而达到寻意探胜的佳境。首先作者利用了桩材所有原桩托,左起首第一托本有副干之意,短截后利用为底托,新培接托跟随主干高昂,使树相雄伟挺拔。第二托紧贴主干干身与主干平行,短截后利用为左后枝,同点开二枝,既解决了接枝偏细的矛盾,又正好补足顶枝与第一枝之间的空位,使树相厚重雄茂。右边三托枝各分轻重。其中最重要的属第二托,利用原高位托基培育为探枝,既得势又灵动。第三托在原主干顶部劈出,解决原主干右顶部少枝托的矛盾,进一步使树冠成为半圆散顶。右第一托偏弱,起遮干和补右边高脚的空虚作用。前枝在主干上部,出枝位置十分理想。两后枝在干身中部,探头探脑,可圈可点。单干大树造型常见多为潇洒飘逸之相,作者在活用桩材的基础上,造型为立意服务,力求雄壮、茂盛,作品平中见奇,十分可贵。

方正的紫砂盆,厚重,稳实,上边线利落大方,下边线弯曲圆滑,刚柔互济。熟褐色的盆与黄白色的干身,色相饱和,明暗对比强烈,但又调和为一整体。原木阔面的桩几,恰到好处地展现了桩景开阔意境,相得益彰(图8.11)。

图8.11　蔡英杰作品《蟾宫桂影》

水旱盆景《八骏图》鉴赏

《八骏图》(图8.12)是赵庆泉1985年创作完成的水旱盆景作品。作品长180 cm、宽50 cm,由十多株六月雪、几株小雀蝉、一组富龟纹石和八匹石湾陶马为材料,采用溪涧式布局、绘画式组合创作而成。作品创作、立意、布局、形式等有如下特点。

意在笔先。作品创作意在笔先,是先根据表现题材及初步构思,选好配件、植物、山石、盆钵,经过苦心设计、巧妙布置、精工制作成的艺术珍品。

意境深邃。稀疏的丛林、开阔的草地、平静的水面、悠闲的骏马……像是一幅中国古代的山水画长卷,古意、恬静、温馨。"我比较偏爱静态的、内秀的美,不太追求浓烈的、震撼的表达。所以我的盆景也是宁静淡雅的,在自然美之外,给人以内心安宁的精神享受。"非常含蓄地表达了作者酷爱大自然和对未来美好生活的追求,也表达了亿万人民追求和平、自由、幸福、安宁的共同心声。用含蓄而不是用直叙的手法表达作者思想感情或作品主题,是盆景艺术最突出的特征之一。作品在这一点的运用达到了炉火纯青的地步,也就是说它达到了完整的艺术形式与高深的思想内涵二者完美结合的理想境界。

布局合理。作品线条明快,布局多样统一而无固定模式。一点透视,小溪近宽远窄,树木近高远低,左高右低,主次分明,统一均衡,左顾右盼,前后呼应,疏密有致,繁简互用,虚实相生。八马位置有聚有散,两马相依,三匹一群,一马独卧,或饮水或站立,避免了呆板生硬。树木配件处为繁,山石水面处为简,旱地为实,水面为虚,水面较空处则添几块小石,即所谓虚则实之,实则虚之,如此布局,使画面达到了多样统一的艺术效果,从而有助于诗情画意的表现。

突破传统。作品在扬州传统的水旱盆景基础上进行了突破。作品突破传统水旱盆景一边旱地、一边水面的布局模式,采用两边旱地、中间水面的新布局形式,改深口陶盆为浅口大理石盆,变假山形叠石为自然形坡岸,追求山水画的效果;溪涧式布局是全新的尝试,采用的丛林式造景也突破传统,表现出了更大范围的景观。

形式创新。在作品的创作过程中,作者始终将对创新的追求放在首位,力求做到传统文化与时代气息结合,造型合乎自然而非人工造作。它采用的是水旱盆景形式,运用平远手法,既栽种树木,又布置山石,既有水面,又有旱地、驳岸,加上配件,表现的内容十分丰富,并具有浓厚的自然气息。所用植物材料,以多年培育加工而成的几株主干虬曲、枝繁叶细的六月雪为主,苍老雄浑、自然流畅。配以较小的六月雪植株和雀蝉等作远景陪衬,层次清晰,对比强烈。植株高低与骏马大小比例协调,合乎规范。山石材料选用四川产的龟纹石,形态自然、色泽古朴、恰到好处。八马配件为广东石湾的陶土制品,造型逼真、神态各异,但没有动势感太强的跃马、滚马和奔马,而以静态的卧马、立马和饮马为主,使整个画面幽静感更加突出。所有这些,都是单纯树桩盆景或单纯的山水盆景所不能比拟的,表现内容丰富是水旱盆景形式的一大功劳。

文如其人。常言道"文如其人",作品之所以能取得很大成功,是与作者其人勤奋好学、功底深厚分不开的。赵庆泉自幼受到家庭环境的熏陶,尔后又专门设计配件,1974 年拜徐晓白先生为师,再拜朱子安、殷于敏、孔泰初、万觐堂为师,专门从事盆景创作多年,盆景造诣颇深,成就显著,这是作品成功的基础。

1985 年第一届中国盆景评比展览上,作品以最高票获得一等奖,受到了同行们的一致赞许。此后,北京电影制片厂将作品选拍进电影《中国盆景艺术》,国内外相关报刊对作品进行持续报道和讨论。这件成名作为我国盆景艺术创新及水旱盆景推广都产生了积极影响。

图 8.12 　赵庆泉作品《八骏图》鉴赏

[技能实训]

对盆景作品的命名进行调查,统计盆景命名的字数一般是多少个字,多少个字名称用得较少;最后分析这些命名主要都采用了哪些方法。

[思考讨论]

(1)思考盆景鉴赏对个人素质与修养的要求。
(2)讨论如何对盆景作品进行审美。
(3)讨论如何对树木盆景进行鉴赏。
(4)讨论如何对山水盆景进行鉴赏。

附录　我国盆景专业期刊与网站

1. 盆景相关的专业性期刊

《花木盆景》

《盆景赏石》(《花木盆景》盆景赏石版)

《中国花卉盆景》

《盆景》

《中国盆景》

《中国盆景赏石》

2. 中国四大盆景专业网站

中国岭南盆景雅石艺术网

盆景乐园

盆景艺术在线

台湾盆栽世界

参考文献

［1］彭春生,李淑萍.盆景学[M].3 版.北京:中国林业出版社,2009.

［2］韦金笙.中国盆景名园藏品集[M].合肥:安徽科学技术出版社,2005.

［3］苏本一,仲济南.中国盆景金奖集[M].合肥:安徽科学技术出版社,2009.

［4］苏本一,马文其.当代中国盆景艺术[M].北京:中国林业出版社,1997.

［5］曾宪烨,马文其.新编盆景造型技艺图解[M].北京:中国林业出版社,2008.

［6］刘仲明,刘小玲.岭南盆景造型艺术[M].广州:广东科技出版社,2003.

［7］仲济南,王志英.图解山水盆景制作[M].合肥:安徽科学技术出版社,1994.

［8］仲济南.中国山水与水旱盆景艺术[M].合肥:安徽科学技术出版社,2009.

［9］林鸿鑫,陈习之,林静.树石盆景制作与赏析[M].上海:上海科学技术出版社,2004.

［10］曾宪烨,马文其.树木盆景造型养护与欣赏[M].北京:中国林业出版社,1999.

［11］马伯钦.中国微型山水盆景制作与欣赏[M].上海:上海科学技术出版社,2010.

［12］中华人民共和国建设部.盆景工[M].北京:中国建筑工业出版社,2000.

［13］吴诗华,汪传龙.树木盆景制作技法[M].合肥:安徽科学技术出版社,2011.

［14］乔红根.水石盆景创作[M].北京:上海科学技术文献出版社,2011.

［15］邵忠.安徽盆景[M].北京:中国林业出版社,2004.

［16］仲济南.名家教你做山水盆景[M].福州:福建科学技术出版社,2006.

［17］马文其.图说树石盆景制作与欣赏[M].北京:金盾出版社,2008.

［18］林三和,梅星焕,林三宏.指上盆景制作入门[M].福州:福建科学技术出版社,2007.

［19］孙霞.盆景制作与欣赏[M].上海:上海交通大学出版社,2007.

［20］马文其.盆景养护手册[M].北京:中国林业出版社,2009.

［21］顾永华,丁晰.图解盆景制作与养护[M].北京:化学工业出版社,2010.

［22］林三和.微型盆景[M].福州:福建科学技术出版社,2006.

［23］马文其.山水盆景制作及欣赏[M].北京:中国林业出版社,2001.

［24］王立新.插花与盆景[M].北京:高等教育出版社,2009.

［25］张德炎,程冉,夏晶晖.插花与盆景技艺[M].北京:化学工业出版社,2009.

［26］刘金海.插花技艺与盆景制作[M].2 版.北京:中国农业出版社,2009.

［27］卜复名.盆景制作[M].北京:中国劳动与社会保障出版社,2005.

［28］黄映泉.徽派盆景技艺[M].合肥:安徽科学技术出版社,2007.

［29］俞慧珍.树木盆景制作与养护[M].南京:江苏科学技术出版社,2002.

［30］胡世勋.邑园盆景艺术[M].北京:中国林业出版社,2005.

［31］上海植物园.上海植物园盆景藏品集[M].上海:上海文化出版社,2004.

［32］赵庆泉.《八骏图》的创作体会[J].中国花卉盆景,1985(12):16.

书中图片来源

项目 1　盆景基础知识的认知

1. 图 1.8、图 1.12(2)、图 1.16、图 1.18、图 1.19、图 1.20、图 1.21、图 1.22、图 1.23、图 1.24、图 1.25、图 1.26、图 1.27：苏本一,等. 中国盆景金奖集,2009.
2. 图 1.9、图 1.11(1)、图 1.13、图 1.15：韦金笙. 中国盆景名园藏品集,2005.
3. 图 1.10：胡世勋. 邑园盆景艺术,2005.
4. 图 1.11(2)：刘仲明,等. 岭南盆景造型艺术,2003.
5. 图 1.12(1)：上海植物园. 上海植物园盆景藏品集,2004.
6. 图 1.14(1)、图 1.14(2)、图 1.14(3)、图 1.14(4)：黄映泉. 徽派盆景技艺,2007.
7. 图 1.17：乔红根. 水石盆景创作,2011.
8. 图 1.28：曾宪烨,等. 新编盆景造型技艺图解,2008.

项目 2　盆景制作器具及石材的识别

1. 图 2.1、图 2.2、图 2.5、图 2.6、图 2.12、图 2.13、图 2.14、图 2.15、图 2.18、图 1.33：苏本一,等. 中国盆景金奖集,2009.
2. 图 2.3、图 2.4、图 2.7、图 2.8、图 2.9、图 2.11、图 2.16、图 2.17、图 2.19、图 2.20、图 2.21、图 2.22、图 2.23、图 2.26、图 2.27：仲济南. 中国山水与水旱盆景艺术,2009.
3. 图 2.10：乔红根. 水石盆景创作,2011.

项目 3　树木盆景的制作

1. 图 3.1、图 3.2：刘仲明,等. 岭南盆景造型艺术,2003.
2. 图 3.3、图 3.4、图 3.7、图 3.9、图 3.10、图 3.13、图 3.14、图 3.20：顾永华,等. 图解盆景制作与养护,2010.
3. 图 3.11、图 3.19：刘仲明,等. 岭南盆景造型艺术,2003.
4. 图 3.12、图 3.8：曾宪烨,等. 新编盆景造型技艺图解,2008.
5. 图 3.15：韦金笙. 中国盆景名园藏品集,2005.
6. 图 3.21、图 3.22、图 3.23、图 3.24、图 3.26：曾宪烨,等. 树木盆景造型养护与欣赏,1999.
7. 图 3.69：曾宪烨,等. 新编盆景造型技艺图解,2008.

项目 4　树石盆景的制作

1. 图 4.1、图 4.3、图 4.4、图 4.8、图 4.19：苏本一,等. 中国盆景金奖集,2009.
2. 图 4.2、图 4.5、图 4.6、图 4.9、图 4.11、图 4.12、图 4.14、图 4.16、图 4.17、图 4.18：林鸿鑫,等. 树石盆景制作与赏析,2004.
3. 图 4.7、图 4.10、图 4.13、图 4.15：仲济南. 中国山水与水旱盆景艺术,2009.

项目 5　山水盆景的制作

1. 图 5.1、图 5.6、图 5.22：苏本一,等. 中国盆景金奖集,2009.
2. 图 5.2、图 5.3、图 5.4、图 5.5、图 5.7、图 5.8、图 5.9、图 5.10、图 5.11、图 5.12、图 5.13、图 5.14、图 5.15、图 5.16、图 5.17、图 5.19、图 5.20：仲济南. 中国山水与水旱盆景艺术,2009.
3. 图 5.18：马文其. 盆景养护手册,2009.
4. 图 5.21：仲济南. 名家教你做山水盆景,2006.

项目 6　微型盆景的制作

1. 图 6.1、图 6.2、图 6.3、图 6.4、图 6.6、图 6.7、图 6.9、图 6.12：林三和,等. 指上盆景制作入门,2007.
2. 图 6.5、图 6.8：林三和. 微型盆景,2006.
3. 图 6.10：仲济南. 中国山水与水旱盆景艺术,2009.
4. 图 6.11、图 6.13：马伯钦. 中国微型山水盆景制作与欣赏,2010.

项目 7　盆景的养护管理

1. 图 7.1、图 7.2、图 7.3、图 7.4、图 7.5、图 7.6：苏本一,等. 中国盆景金奖集,2009.
2. 图 7.7、图 7.8、图 7.9、图 7.10：林三和,等. 指上盆景制作入门,2007.
3. 图 7.11：曾宪烨,马文其编著. 新编盆景造型技艺图解,2008.

项目 8　盆景的艺术鉴赏

1. 图 8.1、图 8.3、图 8.4、图 8.10：苏本一,等. 中国盆景金奖集,2009.
2. 图 8.2：仲济南. 中国山水与水旱盆景艺术,2009.
3. 图 8.5、图 8.6、图 8.7、图 8.8：韦金笙. 中国盆景名园藏品集,2005.
4. 图 8.9：曾宪烨,等. 新编盆景造型技艺图解,2008.